見てわかる農学シリーズ

4

バイオテクノロジー概論

池上正人　編著

朝倉書店

執筆者一覧（執筆順）

池上 正人*	東京農業大学総合研究所	（1～3章）
岩田 尚孝	東京農業大学農学部	（4章）
尾定　誠	東北大学大学院農学研究科	（5章）
鈴木　徹	東北大学大学院農学研究科	（5章）
柏木　豊	東京農業大学応用生物科学部	（6章）
長島 孝行	東京農業大学農学部	（7章）
布施 博之	芝浦工業大学システム理工学部	（8章）

＊：編者

は じ め に

　本書は,「見てわかる農学シリーズ」の「バイオテクノロジー」の教科書として企画された．本シリーズは，農学，応用生命科学，生物資源科学などの学問に興味をもって大学に入った1,2年生，短期大学，専門学校あるいは農業大学校などの学生のための，基礎科目の教科書シリーズとして刊行されたものである．

　バイオテクノロジーは,「生物のもっているさまざまな機能を合理的に利用する技術」といえる．古来，人類は周辺の生物の営みから多くのことを学び，またその恩恵を受けてきた．たとえば，微生物の発酵を利用して酒，パン，みそ・醤油などを作りだしてきたが，これらの技術はバイオテクノロジーといえる．しかしながら，バイオテクノロジーという学問領域が誕生し世界の注目を集めたのは，大腸菌の組換えDNA技術（遺伝子操作技術）を確立し，その技術によって有用物質生産が可能になるという，類をみない画期的な発展があったからである．

　20世紀の中頃には生命の最も基本にある遺伝子DNAの二重らせん構造モデルが発表され，それを契機として生命現象をDNAレベルで解明しようとする分子生物学が誕生，めざましい発展をとげる．分子生物学から得られた数多くの研究成果の中には，DNAを無傷のまま精製する技術の確立，DNAを切断・結合する酵素の発見と精製法の確立，試験管内で酵素を用いてDNAを切断・結合する技術の確立，高分子DNAを大腸菌に導入する技術の確立などがあり，それらの成果を用いて1973年に大腸菌における組換えDNA技術が開発された．それと相前後して細胞融合技術，受精卵移植技術，染色体操作技術，バイオリアクターなどの生物産業に役立つ先端科学技術が開発され，バイオテクノロジーの歴史は大きな変革期を迎えることになった．ちょうどその頃（1995年），筆者（池上）らは共著にて朝倉書店より『バイオテクノロジー概論』という教科書を出版したが，それからさらに17年の歳月が経過したことになる．その間のバイオテクノロジーの進展は目を見張るものがあり，今回，最新の知見を盛り込んだ新しい教科書を，新たなシリーズの1冊として上梓する運びとなった．

　本書では視点を農業の各生物生産分野に置き，バイオテクノロジーに関係する学部や学科，および関連する諸分野の学生の勉学に役立つように編集を心がけた．そのため，執筆担当の先生方にはできるだけ多くの側注を設けて関連用語を説明していただき，また理解を深めるため多くの図を取り入れて，基礎からたいへんわかりやすく解説していただいた．さらに各章の要所に他の章の項目を参照できるように指示を入れた．しかしながらなお不充分な点が多々あると思われるが，読者諸賢のご寛容を乞う次第である．

　なお，本書の出版にあたっては，朝倉書店編集部に多大なる尽力をいただいた．ここに謝意を表したい．

　　2012年2月

　　　　　　　　　　　　　　　　　　　　　　　　　　　　　　　　　　池上正人

目　　次

1. **バイオテクノロジーとは** ──────────────────────（池上正人）
   - 1.1 バイオテクノロジーの定義 ……………………………………1
     - a. 遺伝子操作技術 ………………………………………………1
     - b. 細胞・組織培養技術 …………………………………………2
     - c. 微生物・酵素利用技術 ………………………………………2
   - 1.2 バイオテノロジーの誕生の背景と黎明期のバイオテクノロジー研究 ……………………………………………………………2

2. **組換え DNA 技術** ────────────────────────（池上正人）
   - 2.1 遺伝子の構造と機能 ……………………………………………11
     - a. 遺伝情報の発現 ………………………………………………11
   - 2.2 大腸菌における組換え DNA 実験の概略 ……………………15
   - 2.3 組換え DNA 実験でよく用いられる酵素 ……………………17
     - a. 制限酵素 ………………………………………………………17
     - b. DNA リガーゼ ………………………………………………19
     - c. アルカリホスファターゼ ……………………………………19
     - d. T_4 ポリヌクレオチドキナーゼ ………………………………20
     - e. DNA ポリメラーゼ …………………………………………21
     - f. 逆転写酵素 ……………………………………………………21
     - g. RNase …………………………………………………………22
     - h. S1 ヌクレアーゼ ……………………………………………22
   - 2.4 ベクター …………………………………………………………22
     - a. プラスミドベクター …………………………………………23
     - b. ファージベクター ……………………………………………24
     - c. コスミドベクター ……………………………………………26
     - d. YAC ベクター ………………………………………………26
   - 2.5 ゲノム DNA ライブラリーと cDNA ライブラリー …………27
   - 2.6 クローンの選択 …………………………………………………28
   - 2.7 クローニングされた遺伝子 DNA の解析 ……………………29
     - a. サザンハイブリダイゼーションとノーザンハイブリダイ

　　　　ゼーション…………………………………………………………29
　　　b. DNA 塩基配列の決定……………………………………………30
　　　c. 遺伝子歩行…………………………………………………………32
　　　d. PCR と RT-PCR……………………………………………………32
　　　e. ゲル移動度シフト法とフットプリント法……………………33
　　　f. S1 マッピング……………………………………………………34
　　　g. プライマー伸長法…………………………………………………36
　2.8 組換え DNA 実験のガイドライン……………………………………36

3. 植物のバイオテクノロジー ———————————————（池上正人）

　3.1 植物組織培養………………………………………………………………38
　　　a. 分化全能性…………………………………………………………38
　　　b. プロトプラスト……………………………………………………38
　　　c. 細胞融合……………………………………………………………41
　　　d. 茎頂培養技術………………………………………………………42
　　　e. 葯培養と花粉培養…………………………………………………45
　　　f. 胚培養，胚珠培養，子房培養……………………………………46
　　　g. ソマクローン変異体の選抜………………………………………47
　　　h. 順　化………………………………………………………………48
　3.2 植物細胞への遺伝子導入…………………………………………………49
　　　a. 土壌細菌 *Agrobacterium tumefaciens* の Ti プラスミドを用いた植物の形質転換……………………………………………49
　　　b. Ti プラスミドベクター…………………………………………51
　　　c. 植物細胞への遺伝子導入と形質転換植物の育成………………53
　　　d. イネの形質転換……………………………………………………54
　　　e. 植物への直接遺伝子導入法………………………………………55
　3.3 形質転換植物………………………………………………………………58
　　　a. 耐虫性植物…………………………………………………………58
　　　b. ウイルス病耐性植物………………………………………………59
　　　c. 除草剤耐性植物……………………………………………………60
　　　d. 雄性不稔植物………………………………………………………62
　　　e. 花色の分子育種……………………………………………………63
　　　f. 日持ちのするトマト………………………………………………64
　　　g. 高オレイン酸ダイズ………………………………………………65
　3.4 DNA による品種・系統識別法……………………………………………65
　　　a. 制限酵素断片長多型（restriction fragment length polymorphism；RFLP）を用いた検出法…………………………………65

b． PCR を用いた検出法 …………………………………… 66

4. **畜産におけるバイオテクノロジー** ──────────────────（岩田尚孝）
　　4.1　バイオテクノロジーを支える繁殖技術 ……………………… 68
　　　a． 人工授精による家畜の生産 ……………………………… 68
　　　b． 人工授精の意義 …………………………………………… 69
　　　c． 胚移植（体内受精胚）による家畜の生産 ……………… 70
　　　d． 胚移植の意義 ……………………………………………… 70
　　　e． 体外受精胚による家畜の生産 …………………………… 71
　　　f． 核移植胚による家畜の生産 ……………………………… 73
　　　g． 遺伝子組換え家畜の生産 ………………………………… 74
　　　h． 遺伝子の導入方法 ………………………………………… 75
　　　i． その他のバイオテクノロジー …………………………… 76
　　4.2　バイオテクノロジーを用いた新しい利用法 ………………… 76
　　　a． 生産性の向上や環境負荷の低減 ………………………… 76
　　　b． 畜産物の付加価値向上 …………………………………… 77
　　　c． 医薬分野での利用 ………………………………………… 78
　　4.3　お わ り に ……………………………………………………… 79

5. **水産におけるバイオテクノロジー** ──────────────（尾定　誠・鈴木　徹）
　　5.1　水産におけるバイオテクノロジーの発展 …………………… 81
　　5.2　染色体操作 ……………………………………………………… 82
　　　a． 減数分裂と受精 …………………………………………… 82
　　　b． 倍数化処理と三倍体，四倍体 …………………………… 84
　　　c． 雌性発生 …………………………………………………… 85
　　　d． 全雌生産 …………………………………………………… 87
　　　e． クローン魚 ………………………………………………… 88
　　5.3　トランスジェニックフィシュ ………………………………… 89
　　　a． 水産におけるトランスジェニックフィシュ …………… 91
　　　b． トランスジェニックフィシュを使った環境モニタリング … 93
　　5.4　借り腹技術 ……………………………………………………… 94

6. **食品産業におけるバイオテクノロジー** ──────────────（柏木　豊）
　　6.1　食品における微生物・酵素の利用 …………………………… 96
　　　a． 発酵食品への微生物の利用 ……………………………… 96
　　　b． 食品への酵素の利用 ……………………………………… 98

6.2　細 胞 融 合 ………………………………………………… 102
　　　　　a.　醸造酵母の細胞融合 ………………………………… 102
　　　6.3　組換え DNA 技術の利用 …………………………………… 103
　　　　　a.　酵母の組換え DNA 技術 …………………………… 103
　　　　　b.　カビの組換え DNA 技術 …………………………… 104
　　　6.4　微生物・酵素の固定化 ……………………………………… 106
　　　　　a.　固定化生体触媒 ……………………………………… 106
　　　　　b.　バイオリアクター …………………………………… 108

7. 昆虫におけるバイオテクノロジー ──────────────（長島孝行）
　　　7.1　昆虫ゲノムと遺伝子組換え昆虫 …………………………… 112
　　　　　a.　バキュロウイルスを利用したインターフェロンの生産 …… 113
　　　　　b.　遺伝子組換えカ ……………………………………… 115
　　　　　c.　遺伝子組換えカイコ ………………………………… 116
　　　7.2　昆虫の構造をまねる─BIO-MIMETICS ………………… 118
　　　　　a.　昆虫ミメティクスから生まれるさまざまな製品 ……… 119
　　　　　b.　昆虫型ロボットの開発 ……………………………… 122
　　　7.3　昆虫の機能をまねる技術─BIO-INSPIRED …………… 124
　　　　　a.　休眠を利用した技術開発 …………………………… 125
　　　　　b.　昆虫の唾液で新薬開発 ……………………………… 126
　　　7.4　昆虫の生成物などを利用した技術開発─BIO-USED …… 126
　　　　　a.　シルクのテクノロジー ……………………………… 127
　　　　　b.　繭糸（シルク）の構造 ……………………………… 127
　　　　　c.　機能性とものづくり ………………………………… 130
　　　　　d.　リサイクル …………………………………………… 132

8. 環境におけるバイオテクノロジー ──────────────（布施博之）
　　　8.1　環境解析技術 ………………………………………………… 135
　　　　　a.　微生物の分類・同定 ………………………………… 135
　　　　　b.　微生物相解析技術 …………………………………… 137
　　　8.2　関連する微生物 ……………………………………………… 143
　　　　　a.　エネルギー代謝と微生物 …………………………… 143
　　　　　b.　物質循環と生物 ……………………………………… 145
　　　　　c.　微生物とその生育域 ………………………………… 147
　　　8.3　環境汚染防止 ………………………………………………… 147
　　　　　a.　排水処理 ……………………………………………… 147
　　　　　b.　悪臭物質処理 ………………………………………… 152

8.4　環境改善・利用技術 …………………………………… 153
　　　a.　バイオレメディエーション ………………………………… 153
　　　b.　バイオリーチング ……………………………………………… 158
　　　c.　赤潮防除 ……………………………………………………… 158

索　引 ─────────────────────────── 161

■囲みコラム■

ソマトスタチン ……………………………………………………… 4
インスリン …………………………………………………………… 4
B型肝炎ワクチン …………………………………………………… 5
麹菌の形質転換 …………………………………………………… 106
虫歯になりにくい甘味料の生産 ………………………………… 109
モスアイフィルムの誕生 ………………………………………… 122
シルクを超えたシルク …………………………………………… 133

 バイオテクノロジーとは

[キーワード] バイオテクノロジーの定義，バイオテクノロジーの誕生，遺伝子操作技術，細胞・組織培養技術，微生物・酵素培養技術

1.1 バイオテクノロジーの定義

バイオテクノロジーは生物工学あるいは生物利用技術と訳され，「生物のもつ遺伝情報，特殊機能をそのままの形，または人為を加えた形で活用し，人類の生活，生存，環境の保全に役立つ生物種，物質，機器などを研究，生産する技術」と定義することができる．農学分野のバイオテクノロジーは，遺伝子操作技術，細胞・組織培養技術，微生物・酵素培養技術の3つの柱に大別される．

a. 遺伝子操作技術
(1) 組換え DNA 技術
遺伝子組換え技術と同義．遺伝子（DNA）を自己増殖可能な DNA と試験管内で連結して組換え DNA を作製し，それを微生物，植物，動物に導入して有用物質，新品種を生産する技術．この技術は遺伝子（DNA）の増幅も可能で，基礎科学の分野の一技術として幅広く使用されている．

(2) 細胞融合技術
2つの異なった細胞どうしを融合させて雑種細胞や新品種を作出する技術．

(3) 核移植技術
優良形質をもつ家畜の細胞から核を取り出し，それを同種の優良でない家畜のメスの受精卵の胚細胞の核と入れ換えて，優良な子畜を生産する技術．

(4) 受精卵分割移植技術
受精卵が複数の細胞に分裂した時期に，受精卵を分離切断して得ら

れた胚をメス家畜の子宮に移植することによって一卵性多生子を生産する技術.

b. 細胞・組織培養技術
(1) 茎頂(けいちょう)培養技術
茎頂培養による，苗の大量増殖およびウイルスフリー化のための技術.

(2) 葯(やく)培養技術
葯を培養して半数体植物を育成し，その染色体を倍加することにより固定系統が得られるため，育種年限の短縮化を図ることができる.

(3) 胚培養技術
遠い類縁関係にある植物では，受精しても稔性種子が得られない．そこで，受精直後の発育しない胚を摘出して試験管内で培養して雑種個体を作出する技術.

(4) 細胞大量培養技術
動・植物細胞を培養することにより付加価値の高い物質を大量に生産する技術.

c. 微生物・酵素利用技術
(1) バイオリアクター
生物を利用した反応装置のこと．微生物や酵素を水不溶性の担体に結合させ（固定化という），装置の中に閉じ込めたものをいい，有用生物を効率よく生産することができる.

(2) バイオセンサー
生体物質のもつ化学物質識別機能を利用して，反応系や物質の量や状態を計測するシステム.

1.2 バイオテクノロジーの誕生の背景と黎明期のバイオテクノロジー研究

ワトソン（Watson）とクリック（Crick）による"DNAの二重らせん構造"の発見（1953年）以来，生命現象の謎を分子レベルで解明しようとする学問分野が誕生した．いわゆる分子生物学である．分子生物学は大腸菌およびそれに感染・増殖するバクテリオファージやプラスミドを用いて，長足の進歩を遂げた．それに伴って遺伝子の化学的本体であるDNAを，機能をもつ物質として取り扱う生化学的技術も進み，1960年代にはDNAを無傷のまま高分子の状態で精製

することが可能となった．その結果，DNA の化学的性質に関する研究とともに，遺伝子 DNA の細胞内での機能，すなわち遺伝子の転写，DNA 複製，DNA 修復，遺伝子組換えについて研究するなかでそれらに関わる多くの酵素が次々に見出されていった．1970 年にはマンデル（Mandel）と比嘉（Higa）が，大腸菌を $CaCl_2$ で処理をすると菌膜の透過性が増大し，高分子 DNA が無傷のまま菌体内に入ることを観察した．いわゆる塩化カルシウム法による大腸菌における形質転換法の確立である．さらに同じ年にスミス（Smith）らにより *Haemophilus ifluenzae* d 株で，また翌年 1971 年には，ヨシモリ（Yoshimori）により薬剤耐性因子をもった大腸菌（*Esherichia coli* RY13）で，DNA の一定の塩基配列を認識して，これを切断する制限酵素の存在が知られ，精製された．1972 年にはバーグ（Berg）らが SV40 腫瘍ウイルス DNA と λdv *gal* プラスミド DNA を各種酵素を使って切断・連結して，試験管内で環状二本鎖 DNA を構築するのに成功した．また，カイザー（Kaiser）らはファージ P22 DNA を 2 分子連結して環状 DNA を構築するのに成功した．そして 1973 年にコーエン（Cohen）はボイヤー（Boyer）とともに，これらの方法を用いて，プラスミド DNA に特定の遺伝子を含む DNA 断片を結合させ組換え DNA を試験管内で作製して，それによって大腸菌の形質を転換し，またその遺伝子を菌とともに増幅して集める実験を初めて行った．さらに翌年には，アフリカツメガエルのリボソーム RNA 遺伝子を大腸菌に導入する実験が成功し，いかなる生物種の DNA をも微生物内で増幅しうることが示され，組換え DNA 技術（遺伝子操作）または遺伝子工学と呼ばれる技術が誕生した．さらに，導入した遺伝子を発現させ，タンパク質を微生物内でつくらせることも可能となった．1976 年，板倉らは合成 DNA を用いて，大腸菌におけるソマトスタチンの遺伝子組換え生産に成功し，大腸菌による有用物質生産の最初の成功例として注目された．1982 年にはヒトのインスリンがアメリカで最初の遺伝子組換え医薬として承認された．もう 1 つの初期の遺伝子組換え医薬にヒト成長ホルモン（HGH）がある．HGH は死体の脳下垂体より抽出する以外には得られず，供給量が制限されていた．また，1986 年には最初の遺伝子組換えワクチンである B 型肝炎ワクチンが開発された．組換え DNA 技術を用いて，大腸菌における DNA の増幅，外来遺伝子の発現が可能となり，生命科学の研究の推進に大いに貢献している（次頁以下のコラム参照）．

　1981 年，マウス受精卵の核に異種動物の DNA を注入（マイクロインジェクション）し，その DNA を染色体に取り込んだマウス（ト

■コラム■　ソマトスタチン

　ソマトスタチンは脳内の視床下部から分泌されるアミノ酸14個のペプチドであり，成長ホルモンの分泌を抑制するホルモンである．末端肥大症の治療に有効であるが，従来の方法では27万頭のヒツジより1 mgしか単離できなかった．しかし，板倉らは，組換えDNA技術を用いて大腸菌による生産に成功した（図1.1）．

　ソマトスタチンのアミノ酸配列は1973年に決定された．アミノ酸配列から想定される8個の遺伝子断片（図中の(A)～(H)）を化学合成し，それらを張り合わせた後，DNAリガーゼで連結して，人工遺伝子を合成した．さらに，その5'末端側には，EcoRI付着末端部位AATTCと開始コドンATGを，3'末端側には終始コドンTGA, TAGとBamHI部位GATCを付加した．これをプラスミドpBR322のラクトースオペロンのプロモーターの下流のEcoRI/BamHI部位に挿入して大腸菌に導入し，発現させた．発現したソマトスタチンにはベクターに残っていたβ-ガラクトシダーゼ遺伝子の一部が発現したペプチドが結合しているので，臭化シアンで化学的に切断する．

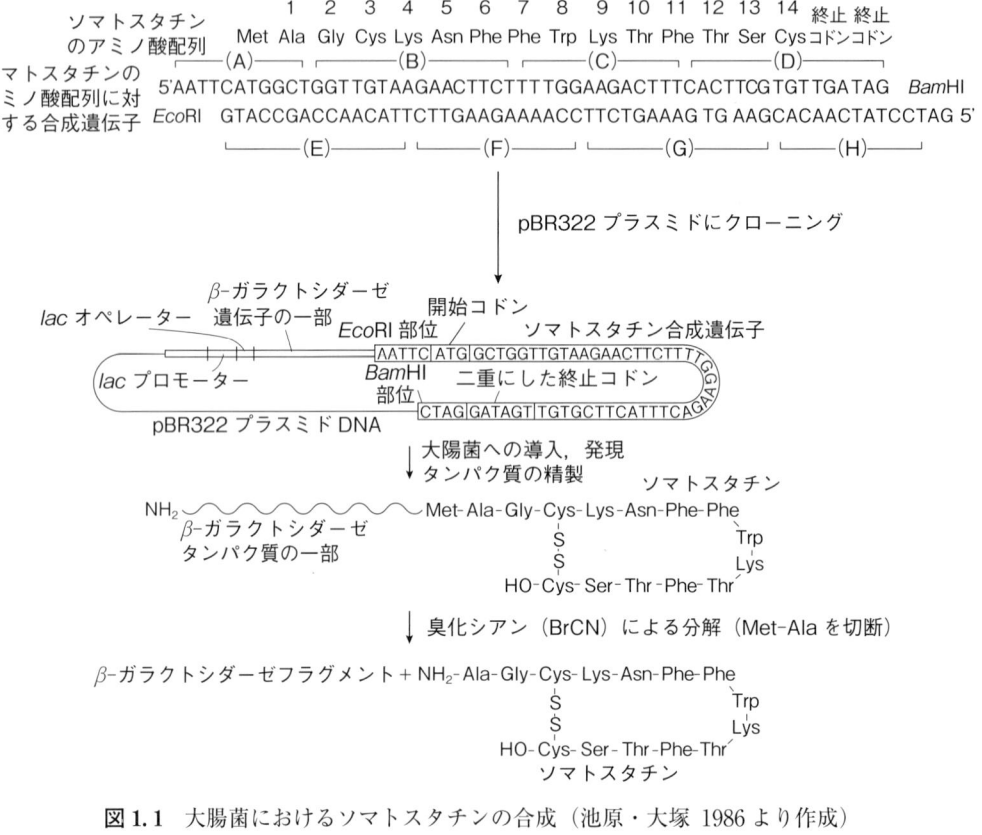

図1.1　大腸菌におけるソマトスタチンの合成（池原・大塚 1986より作成）
(A)～(H)は第一段階で合成された8個のフラグメントを示す．

■コラム■　インスリン

　インスリンは膵臓の細胞が分泌するペプチドホルモンで，血糖降下作用があるので糖尿病の治療には欠かせない医療品である．インスリンはアミノ酸21個のA鎖とアミノ酸30個のB鎖がS-S結合した構造をとっている．本来，この2本のペプチド鎖は別々につくられるのではなく，

A鎖とB鎖の間にC断片と呼ばれるペプチド鎖を挟み，さらにB鎖のN末端にシグナルペプチドをもった1本のポリペプチド鎖（プレプロインスリン）として合成され，シグナルペプチドの働きにより小胞体の膜を通過する．通過後，シグナルペプチドは切断され，プロインスリンとなる．プロインスリンは折りたたまれ，A鎖とB鎖との間のS-S結合ができた後，酵素によってC断片が切断され，活性あるインスリン分子となる（図1.2）．従来はブタの膵臓から抽出したインスリンが医療に用いられていたが，ブタのインスリンとヒトのインスリンはB鎖の30番目のアミノ酸が違っている．そのため，ブタインスリンを長時間糖尿病患者へ投与すると副作用があった．板倉らは，インスリンのA鎖遺伝子とB鎖遺伝子を化学合成し，それらを別々に大腸菌に移入してA鎖とB鎖をつくらせ，これらを分離精製して試験管内で再構築させる方法を用いた．しかし，この方法ではA鎖とB鎖が活性をもった形に結合する確率は低く，インスリンとしての収量は良くなかった．現在ではプロインスリン遺伝子mRNAのcDNAを大腸菌に移入して，ひとつながりになったプロインスリンの合成を行っている．この産物は正常に折りたたまれており，大腸菌体外への分泌も可能である．分泌したプロインスリンをプロテアーゼでC断片を切断して，ヒトインスリンに変換して実用化されている．

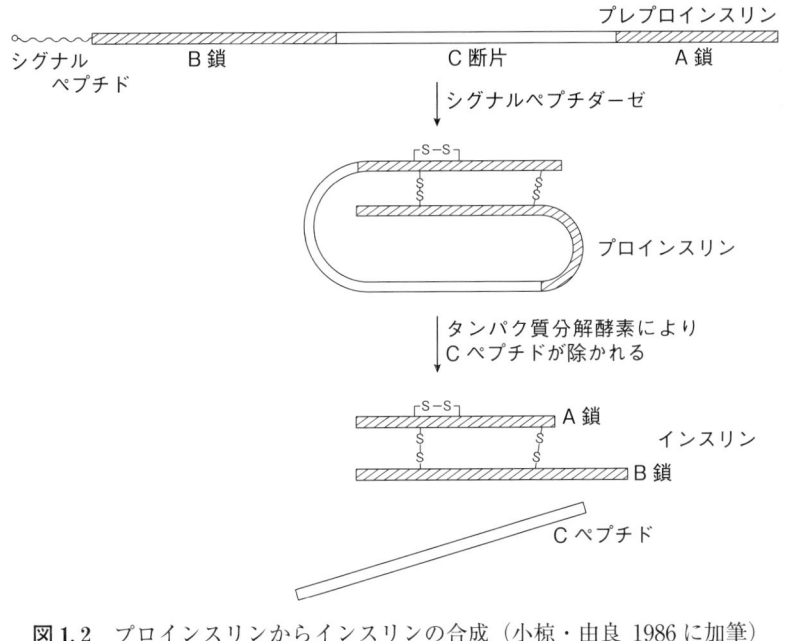

図1.2 プロインスリンからインスリンの合成（小椋・由良 1986に加筆）

■コラム■　**B型肝炎ワクチン**

　従来のワクチン（不活化ワクチンや生ワクチン）を生産する場合には，ウイルスを実験室で大量に培養できることが条件である．B型肝炎のようにウイルス本体は解明されていてもその培養ができないものでは，ワクチンの生産は保毒者の血液を大量に集めて抗原タンパク質を抽出するという高価で労働力の多い方法に頼らざるを得ず，その生産に制限がある．しかしながら組換えDNA技術を使えば，ウイルスが大量培養できなくても，少量のウイルス遺伝子が入手できればワクチン生産は可能である．B型肝炎ウイルス（HBV）のゲノムは環状二本鎖DNAで，そのうちの1本は短く，他のDNAの長さの1/2から3/4である．B型肝炎ウイルスのゲノムの全塩基配列は決定されている．ワクチン用タンパク質として重要なのは表面抗原タンパク質HBsである．このタンパク質は225個のアミノ酸から構成され，この情報はS遺伝子がコードしている．松原

らは HBV ゲノムから HBs タンパク質をコードする S 遺伝子 DNA 領域を取り出して，酵母と大腸菌シャトルベクターに連結した．プロモーターには酸性ホスファターゼプロモーターを用いて酵母で大量に発現させるのに成功した．

ランスジェニックマウス）が作出された．1985 年には，マイクロインジェクションによりトランスジェニックヒツジ，ブタ，ウサギが作出された．1986 年には ES 細胞を用いたトランスジェニックマウスが誕生した．1989 年にはマイクロインジェクションによりトランスジェニックウシが誕生，1982 年にはラットの成長ホルモン遺伝子を組み込んだトランスジェニックマウスが誕生した．通常のマウスよりもはるかに大きなサイズまで成長した"スーパーマウス"である．この研究を契機として家畜の成長を早める研究に期待が高まったが，実際には成長が促進された家畜は作出されていない．さらに，このようなトランスジェニック個体においてはさまざまな異常があらわれたことから，このような研究は断念された．

　トランスジェニック動物の応用として，ウシ，ヒツジ，ヤギは泌乳量が多いため，乳中に生理活性物質などの有用物質（組換えタンパク質）を分泌させる動物工場としての研究が開始された．1991 年，マウス乳清タンパク質を産生するトランスジェニックブタ，ヒト α1-アンチトリプシンを産生するトランスジェニックヒツジ，ヒト組織プラスミノーゲンアクチベーターを産生するトランスジェニックヤギ，1993 年にはヒトプロテイン C を産生するトランスジェニックブタ，1997 年には，ヒト血液凝固因子 VIII を乳汁に分泌するトランスジェニックブタが作出された．

　1978 年，イギリスのウィラドセン（Willadsen）が，ヒツジの受精卵が 2 つの細胞に分裂した時期（2 細胞期胚）に，この 2 つの細胞を顕微鏡下の手術で切断分離し，得られた 2 つの胚をメスの子宮に移植することにより，一卵性の双子を産ませることに成功した．受精卵分割移植技術の誕生である．わが国で初めて受精卵分割移植技術によるクローンウシが誕生したのは，1981 年のことである．その後 4〜8 細胞期の受精卵を分割して，四つ子，八つ子の生産もできるようになった．

　1986 年にはイギリスで核移植による初めてのヒツジの誕生（受精卵クローン），翌 1987 年にはアメリカでウシの核移植が成功した．1989 年にはブタの核移植が成功した．核移植により，わが国においてこれまでに 500 頭以上の受精卵クローンウシが誕生し，クローンウシの食肉，牛乳が出荷されている．

1997年，イギリスのウィルムット（Wilmut）は，フィン・ドーセットという品種の雌ヒツジの乳腺の細胞核をスコティッシュ・ブラック・フェイスという品種のヒツジからとった卵子の細胞質に移植し，同じ品種の子宮で育てて，体細胞クローンヒツジ「ドリー」を作出し世界の注目を集めた．この研究が契機となり，ウシの体細胞クローンの研究も世界各地で行われるようになり，わが国においても1998年に双子の体細胞クローンウシ（「のと」と「かが」）を誕生させることに成功したが，成体には至っていない．1999年，翌2000年にはそれぞれ体細胞クローンヤギ，ブタが誕生した．体細胞クローンウシは出生前後や若齢期に，体細胞クローンブタは出生前後に死亡率が高い．本稿を執筆している2012年現在，体細胞クローンウシや体細胞クローンブタの生産物は市場には出ていない．

水産分野においては，メスの魚は成長が早くて魚体が大きく商品価値が高いため，雌性発生技術による全雌魚生産や三倍体魚生産の研究が行われ，実用化している．魚の精子にγ線あるいは紫外線を照射すると，染色体は破壊されるが，受精能は失われない．このような精子と正常な卵子を受精させ，第二極体の形成を阻止して二倍体の雌性前核を形成させる．卵内の性染色体はXXとなるから生まれる魚はすべてメスである．すでにヒラメ，アユ，ニジマスなどで実用化している．γ線あるいは紫外線を照射しない，正常な精子を用いた雌性発生技術により三倍体の魚を得ることができる．三倍体にすると生殖細胞の形成ができず，メスでは不妊化するため，性成熟することなく成長を続けて魚体が大きくなる．三倍体のアナゴが作出されている．また，メスの稚魚を，雄性ホルモンを加えた飼料で飼育して性転換させる．性転換しても染色体はXXであるから，精子の染色体はXとなる．この精子で受精させた卵子はすべてメスの魚となる．ニジマスやサクラマスで実用化している．

魚類における外来遺伝子導入は1985年以降急激に行われるようになった．ニジマスの成長ホルモン遺伝子をコイに導入し，高い成長効率をもったトランスジェニックコイが作出された．また，北極海で野生に生存するあるヒラメ類の魚は，体液の凍結を防止することができる抗凍結タンパク質をもっている．この遺伝子がサケに導入され，酷寒の水への抵抗性が増したトランスジェニックサケが作出された．

植物の組織培養の研究の歴史は古く，1902年のハーバーランド（Haberlandt）の研究に始まるが，本格的な研究は1930年代に入ってからである．当初は，器官培養やカルス培養を用いての培養基の組成や培養条件の検討が進められる中にあって，次第に形態形成の研究

へと進んでいった．1958年，スチュワード（Steward）とライナート（Reinert）は，ほとんど同時にニンジン髄組織のカルスから不定胚が形成され，そこから子葉とよく似た植物体が再生されること（受精卵からの胚発生と同じ過程を経ること）を報告した．ヴァシル（Vasil）とヒルデブラント（Hildebrandt）（1967年）は単細胞の培養と単細胞からの植物体再生に成功した．1970年に至って，バックス・ハフマン（Backs-Huseman）とライナート（Reinert）は単一細胞からの不定胚形成過程のさまざまな段階を示す一連の写真を発表し，植物の細胞，組織が分化全能性をもっていることを証明した．

組織培養による大量増殖は，開花結実にも年月を要する樹木や果樹の優良株からの苗の大量繁殖や，種子繁殖もできるがおもに栄養繁殖に頼って生産される花卉や野菜に応用された．大量増殖する試みは，ランを用いて最初に成功した．ランを茎頂培養すると，茎頂から多数の球状体が形成され，それぞれ球状体から芽や根が発生し，幼植物となる．したがって，1つの茎頂から何本ものクローン植物が得られる．ラン以外にもユリ，カーネーション，パイナップル，ジャガイモ，イチゴ，チョウセンアサガオ，サツマイモなどで組織培養による大量増殖が行われている．しかし，大量増殖には培養細胞の変異がつきものである．

栄養繁殖植物がウイルスに感染すると，ウイルスが栄養体を通じて移行するために，病気の治療は困難である．1952年に，フランスのモレル（Morel）によって，ダリアのウイルス感染植物から茎頂培養によってウイルスを除去する方法が確立された．わが国では，1950年代〜1970年代にかけて，ジャガイモ，イチゴ，ニンニク，カーネーション，サツマイモ，キクなどのウイルスフリー苗の作出技術が確立し，それらの生産に広く利用されている．栽培種と野生種との交雑や種間または属間の交雑では，交雑不和合性が起こりやすいが，受精直後の雑種胚を切り出して培養することにより（胚培養），胚の退化を防止して新作物（新品種）を作ることができる．

1964年，インドのグハー（Guha）らはアメリカチョウセンアサガオの若いつぼみの葯を用いた培養（葯培養）を最初に報告し，2年後には，得られた植物体は半数体であることを証明した．その後，タバコ，イネをはじめとしてコムギ，ジャガイモ，アスパラガスなど多くの植物種において葯培養による半数体作出の報告が相次いで行われ，その後多くの花粉起源植物体が報告された．

植物細胞をセルラーゼ処理して，初めてプロトプラストを調整したのはイギリスのコッキング（Cocking）で，1960年のことであった．

胚培養による新品種（新作物）

ハクサイを母，キャベツ（カンラン）を父とするハクランは，胚培養によって作り出された種間雑種である（1952年）．このハクランの成功を契機に，ユリ，ミカン，ペラルゴニウムなどの新品種（新作物）が作出された．そのほか，キャベツとコマツナの胚培養によって作り出された千宝菜も有名である（1987年）．

葯培養による新品種の作出例

1970年代〜1980年代にかけて実用品種にまで開発されたものに，タバコの新品種MC101やつくば1号がある．両新品種とも今までのタバコ品種よりも病気に抵抗性である．とくに「つくば1号」はうどんこ病，タバコモザイク病，立枯病，疫病，黒根病に耐性である．上川農業試験場では，イネの実用新品種「上育394号」を開発した．

彼は木材腐朽菌（*Myrothecium verrucaria*）の抽出濾液より部分精製したセルラーゼを用いて，トマトの根端よりプロトプラストを得，大きな注目を集めた．しかしながら，実験のたびに酵素を自ら調整しなければならないという煩雑さがあった．1968 年になって，建部(たけべ)らは市販の酸素を用いてタバコの葉から大量のプロトプラストを取り出す技術を開発した．パワー（Power）ら（1970 年）は，トウモロコシ，マカラスムギのそれぞれの根端から酵素処理により得たプロトプラスト間で細胞融合が起こることを観察し，また細胞融合は，植物のどのような組合せでも起こることを示した．細胞融合による体細胞雑種の植物体の作出はカールソン（Carlson）らによる異種のタバコプロトプラストを用いた報告が最初である（1972 年）．1978 年には，メルヒャース（Melchers）らは，トマトとポテトの属間雑種「ポマト」を作出し世界の注目を集めたが，花色や葉の形などは中間型の形質を示したが，地下部の塊茎はイモにならず，果実も小さく，稔性もなく，実用化には至っていない．1980 年代には多くの体細胞雑種が作出されたが，実用品種になったものはなく，細胞融合による体細胞雑種の実用化の難しさを示している．1980 年代後半から 1990 年代初めにかけて，ジャガイモの新系統（ジャガキッズレッド '90 やジャガキッズパープル 90）やイネ新品種（初夢，あみろ 17，はつあかね）などがプロトクローンから作出された．

土壌病原菌 *Agrobacterium tumefaciens*（近年 *Rhizobium radiobacter* の学名があたえられている）による植物の病気に根頭(こんとう)がんしゅ病と呼ばれるものがある．罹病植物体の根の上部や地表に近い茎に腫瘍が生じるためこの病名が付けられた．1974 年には，このような腫瘍形成には *Agrobacterium tumefaciens* がもつ巨大なプラスミドが必須であることが明らかにされ，Ti プラスミドと命名された．さらに，Ti プラスミドの一部が腫瘍細胞の核染色体中に組み込まれることが明らかにされた．この転移する DNA 領域（T-DNA）が，植物細胞の腫瘍化を引き起こすことが明らかにされ，その後，この Ti プラスミドを用いた植物への遺伝子導入系が開発された．1994 年には，Ti プラスミドベクターを用いて遺伝子組換え作物の第 1 号「フレーバー・セーバー」が開発された．1990 年代以降，この技術により多くの遺伝子組換え作物が開発され，商業栽培されている．最近では，栄養成分改変，乾燥耐性，耐塩性の組換え作物の開発が進みつつある．

植物の細胞・器官培養による有用二次代謝産物の生産の研究については数多くの報告がある．植物の細胞・器官培養による有用二次代謝産物の生産には，化学合成が困難で植物特有であり，その利用部位が

細胞融合による体細胞雑種の作出例

オレタチ（オレンジ＋カラタチ），バイオハクラン（ハクサイ＋レッドキャベツ），ヒネ（ヒエ＋イネ），メロチャ（メロン＋カボチャ），トマピーネ（トマト＋ペピーノ），シューブル（温州みかん＋ネーブル）など．

商業栽培されている遺伝子組換え作物

除草剤の影響を受けないダイズ，トウモロコシ，ワタよびテンサイ（アメリカ），除草剤の影響を受けないナタネ（カナダ），ウイルスに強いカボチャやパパイヤ（アメリカ），害虫に強いジャガイモ，トウモロコシやワタ（アメリカ），ラウル酸をつくるナタネ（アメリカ），色変わりカーネーション（オーストラリア），色変わりバラ（日本とオーストラリアの共同開発），日持ちのするカーネーション（オーストラリア），高オレイン酸含量のダイズ（アメリカ）など．

樹皮などのように限られ，含有量が低く，しかも二次代謝産物が高価なものが適している．実用化したものは少ないが，世界で初めて実現された工業的な生産例として，ムラサキの培養細胞の大量培養によるシコニンの生産がある．ムラサキは山野に自生する多年草本で，古くから生薬や染料の原料として使われていたが，当時，野生のムラサキが激減し，栽培あるいは化学合成によるシコニンの合成が困難なことから，細胞培養によるシコニンの大量生産が行われた．細胞培養によりつくられたシコニンを口紅の色素として使用したバイオ口紅は，販売当時爆発的にヒットした．

1969年に千畑らはL-アミノ酸製造工程に固定化酵素（アミノアシラーゼ）を用いたバイオリアクターを開発し，L-フェニルアラニン，L-バリン，L-メチオニンを製造している．1970年代〜1980年代にかけて，バイオリアクターによる低乳糖牛乳，サイクロデキストリン，L-アスパラギン酸，L-アラニンの製造が工業化されている．バイオリアクターを利用しての工業化にはまだ解決すべき課題が多く残り，成功例はそれほど多くはない．

文　献

1) 池原森男・大塚栄子 (1986)：組換えDNA（飯野徹雄編），p.221-228，裳華房．
2) 小椋　光・由良　隆 (1986)：組換えDNA（飯野徹雄編），p.116-135，裳華房．
3) 池上正人他 (1995)：バイオテクノロジー概論，p.1-217，朝倉書店．
4) 池上正人 (1997)：植物バイオテクノロジー，p.1-172，理工図書．

② 組換え DNA 技術

〔キーワード〕 遺伝子，制限酵素，DNA リガーゼ，逆転写酵素，ベクター，クローニング，ゲノム DNA ライブラリー，cDNA ライブラリー，サザンハイブリダイゼーション，ノーザンハイブリダイゼーション，DNA 塩基配列決定法，遺伝子歩行，PCR，RT-PCR

2.1 遺伝子の構造と機能

a. 遺伝情報の発現

遺伝子 DNA の遺伝情報の流れには2つあり，1つは DNA の配列に基づいて mRNA が転写 (transcription) され，次いでタンパク質 (protein) が翻訳 (translation) される過程である．もう1つは DNA の情報がその子孫の DNA に伝えられることである．この過程を複製 (replication) という．

(1) 原核生物における遺伝子発現系の構造

大腸菌の遺伝子の発現様式を図 2.1 に示した．大腸菌の遺伝子の 5′ 末端側にはプロモーター (promoter) がある．プロモーターとは mRNA を転写する RNA ポリメラーゼ (RNA polymerase) がプロモーターの特異的な配列を認識して結合する部位である．転写開始点の左側 (5′ 末端側) を上流といい，右側 (3′ 末端側) を下流という．

原核生物の RNA ポリメラーゼ

大腸菌など原核生物の RNA ポリメラーゼは1種類で，mRNA, rRNA, tRNA のすべてを転写する．したがって，mRNA, rRNA, tRNA の各プロモーターには本質的な差はない．

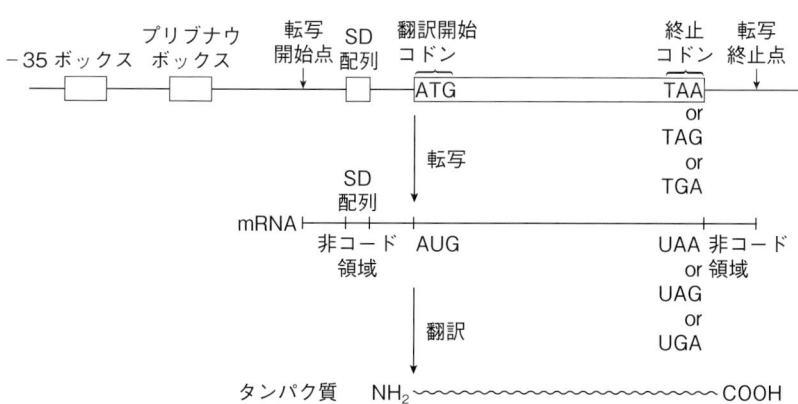

図 2.1 原核生物の遺伝子の構造と発現様式 (池上 1997)

転写開始点の塩基を+1として，5′末端側のすぐ隣の塩基を-2, 3′末端側のすぐ隣の塩基を+2というように数える．プロモーターには，転写開始点から約10塩基上流に，TATAATGという共通配列（consensus sequence）が存在し，プリブナウボックス（Pribnow box）という．また，プリブナウボックスの中心が転写開始点から上流-10塩基のところに存在することから，-10配列ともいう．プリブナウボックスのほかに，転写開始点から上流-35塩基付近にはTTGACAという共通配列が存在する．この配列を-35配列という．DNA配列に基づいたmRNAの転写を触媒する酵素をRNAポリメラーゼという．この酵素が-35配列とプリブナウボックスに結合し，プリブナウボックスから二本鎖DNAを一本鎖に解離する．一本鎖DNAとなった部分の転写開始点からDNAの塩基に相補的なリボヌクレオチドが水素結合する（Gに対してはC, Cに対してはG, Aに対してはU, Tに対してはA）．続いてRNAポリメラーゼにより隣どうしの塩基が共有結合して，このような過程を次々とふみながらmRNAが合成される．mRNAは転写終始点まで合成されるとDNAから解離する．mRNAの開始コドンの上流にはシャイン・ダルガーノ配列（Shine-Dalgarno sequence；SD配列ともいう）と呼ばれるプリンに富む共通配列がある．シャイン・ダルガーノ配列は30Sリボソーム亜粒子と最初に結合する部位をいい，タンパク質合成の開始複合体形成に関与する．

(2) 真核生物における遺伝子発現系の構造

1) プロモーターの構造

真核生物のRNAポリメラーゼIIにより転写されるmRNAのプロモーターの共通配列は，大腸菌のプロモーターの共通配列とは異なる．図2.2に示すように，転写開始点から約30塩基上流にはTATAATTという共通配列（TATAボックス（TATA box）という）が存在する．TATAボックスのほかに，転写開始点の上流70～80塩基の間には5′-GGNCAATTCT-3′（NはA, T, G, Cのいずれかを表す．保存されている塩基がないことを示す）という共通配列が存在し，CATボックス（CAT box）という．CATボックスはプロモーターからの転写効率を上げるために働いていると考えられている．rRNAを転写するRNAポリメラーゼI, snRNAやtRNAを転写するRNAポリメラーゼIIIに対応するプロモーター構造は，RNAポリメラーゼIIの場合とは異なっている．

2) 構造遺伝子の構造

真核生物の遺伝子の構造は原核性物のそれとは違い，遺伝子がいくつかの遺伝情報として意味をもたない介在配列（intervening

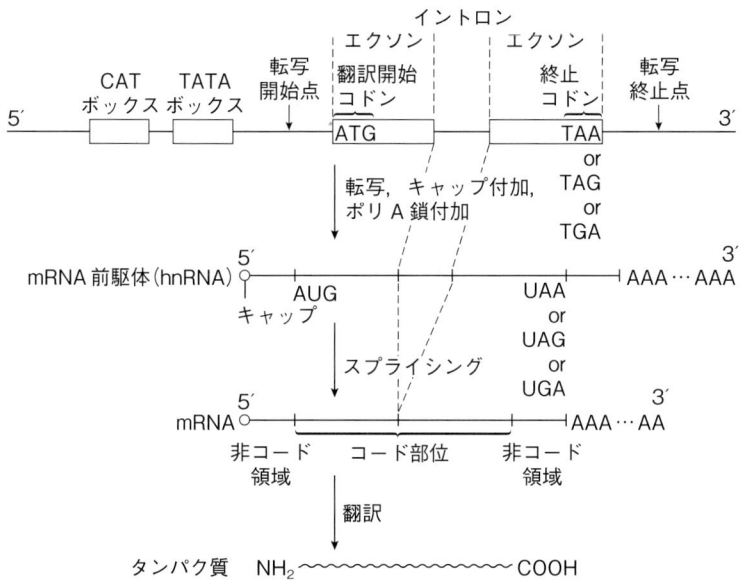

図 2.2 真核生物の遺伝子の構造と発現様式（池上 1997）

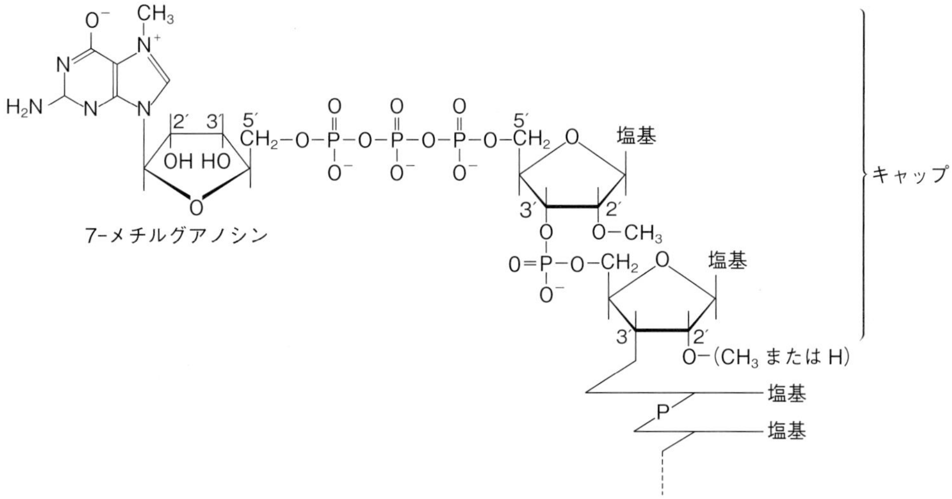

図 2.3 真核生物の mRNA の 5′ 末端に存在するキャップ構造（関口 1980 を一部改変）

sequence またはイントロン (intron) という）によって分断されている．分断されてはいるが遺伝情報をもつ配列をエクソン (exson) という．この遺伝子の発現様式を図 2.2 に示す．mRNA が DNA の配列に基づいて転写終始点まで合成されると mRNA は DNA から解離する．この mRNA は前駆体 mRNA（heterogeneous nuclear RNA；hnRNA）という．次にイントロンの部分から転写された部分が除去され，成熟した mRNA が合成される．この過程をスプライシング (splicing) という．成熟した mRNA は核を離れ，細胞質に移行し，そこでリボソームと会合してタンパク質合成の鋳型となる．真核生物の mRNA の構造は大腸菌のそれとは異なり，5′ 末端にキャップ (cap)

と呼ばれる構造があり（図2.3），3′末端にはAがつながったポリA配列（poly（A）sequence）が付加されている．mRNAがリボソームサブユニットと結合して40S開始複合体を形成する際に，キャップ構造が重要な役割を演じている．

(3) 翻　訳

遺伝子DNAの配列に基づいてmRNAが転写されると，次いでタンパク質（protein）が翻訳（translation）される．このとき，mRNA上の3つの塩基に対して1個のアミノ酸（amino acid）が決定される．この3つの塩基のならびはアミノ酸決定の単位としてコドン（codon；遺伝暗号ともいう）という．コドンの配列とそれに対応するアミノ酸を表2.1に示した．コドンとアミノ酸の間には1：1の対応はない．たとえば，トリプトファンはただ1種類のUGGに対応しているが，アルギニンはCGU, CGC, CGA, CGC, AGA, AGGの6種類のコドンに対応している．このように1種類のアミノ酸に複数個のコドンが対応していることをコドンの縮重（degeneracy）という．コドンに縮重が存在するということは，突然変異によって配列が変わってもある場合にはタンパク質中のアミノ酸は変わらないことを意味する．

表2.1　コドン

2番目の塩基

1番目の塩基		U	C	A	G	3番目の塩基
U		UUU Phe	UCU Ser	UAU Tyr	UGU Cys	U
		UUC 〃	UCC 〃	UAC 〃	UGC 〃	C
		UUA Leu	UCA 〃	UAA〔ochre〕	UGA〔opal〕	A
		UUG 〃	UCG 〃	UAG〔amber〕	UGG Trp	G
C		CUU Leu	CCU Pro	CAU His	CGU Arg	U
		CUC 〃	CCC 〃	CAC 〃	CGC 〃	C
		CUA 〃	CCA 〃	CAA Gln	CGA 〃	A
		CUG 〃	CCG 〃	CAG 〃	CGG 〃	G
A		AUU Ile	ACU Thr	AAU Asn	AGU Ser	U
		AUC 〃	ACC 〃	AAC 〃	AGC 〃	C
		AUA 〃	ACA 〃	AAA Lys	AGA Arg	A
		*AUG Met	AGG 〃	AAG 〃	AGG 〃	G
G		GUU Val	GCU Ala	GAU Asp	GGU Gly	U
		GUC 〃	GCC 〃	GAC 〃	GGC 〃	C
		GUA 〃	GCA 〃	GAA Glu	GGA 〃	A
		GUG 〃	GCG 〃	GAG 〃	GGG 〃	G

各コドンは3塩基よりなり，5′から3′方向にその配列を示す．それぞれのアミノ酸の略号は次の通りである．フェニルアラニン（Phe），ロイシン（Leu），イソロイシン（Ile），メチオニン（Met），バリン（Val），セリン（Ser），プロリン（Pro），トレオニン（Thr），アラニン（Ala），チロシン（Tyr），ヒスチジン（His），グルタミン（Gln），アスパラギン（Asn），リシン（Lys），アスパラギン酸（Asp），グルタミン酸（Glu），システイン（Cys），トリプトファン（Trp），アルギニン（Arg），グリシン（Gly）．UAA（オーカー），UAG（アンバー），UGA（オパール）は対応するアミノ酸をもたない終止記号である．
*AUGは開始記号として使われるときはホルミルメチオニンをコードする．

翻訳の過程において，まず tRNA はアミノアシル tRNA 合成酵素（aminoacyl-tRNA synthetase）の触媒によりアミノ酸と結合してアミノアシル tRNA が合成される．このようなアミノアシル tRNA を用いて mRNA 上の塩基配列に従って順次アミノ酸どうしがお互いに結合してタンパク質を合成する．大腸菌では 30S リボソーム亜粒子がまず mRNA と N-ホルミルメチオニル tRNA（N-formyl-methionyl-tRNA）と結合し，続いて 50S リボソーム亜粒子が結合して完全なリボソーム（70S）をつくって翻訳を開始する．mRNA 上の 30S リボソーム亜粒子と最初に結合する部位を SD 配列（Shine-Dalgarno sequence）という．翻訳は必ず AUG で始まり，これを開始コドン（initiation codon）という．開始コドンに対応するアミノアシル tRNA は N-ホルミルメチオニル tRNA である．したがって，メチオニンの端のアミノ基にホルミル基が付いた N-ホルミルメチオニン（N-formyl-methionine）が開始アミノ酸となる．アミノ酸合成開始直後にデホルミラーゼ（deformylase；脱ホルミル酵素ともいう）により伸長中の鎖からホルミル基が除去され，続いてアミノペプチダーゼ（aminopeptidase）により末端のメチオニンが除去される．後者の酵素はどのタンパク質にも作用するわけではないので，大腸菌のタンパク質には N 末端にメチオニンをもっているものもある．タンパク質合成の終止コドン（termination codon）は UAG, UAA, UGA のうちのいずれかである．リボソームが終止コドンのところにくるとこれに対応するアミノアシル tRNA がないので，代わりに終結因子と呼ばれるタンパク質が結合し，リボソームからそれまでつながっていたペプチド鎖を切り離し，リボソームも mRNA から解離して，タンパク質合成は終了する．

2.2 大腸菌における組換え DNA 実験の概略

大腸菌における組換え DNA 実験の模式図を図 2.4 に示した．
① ある生物種の細胞から DNA を分離・精製し，それを適当な制限酵素（restriction enzyme）で切断する．生じた DNA 断片（DNA fragment）のうち目的の遺伝子 DNA をもった断片をパッセンジャー DNA（passenger DNA）という．パッセンジャー DNA は，目的の遺伝子の mRNA を精製し，逆転写酵素（reverse transcriptase）によって相補 DNA（complementery DNA；cDNA）を合成することによっても得ることができる．
② 細胞内の DNA で，染色体 DNA とは独立して自己複製しうる環状

組換え DNA の作製

付着末端を生じる制限酵素で切断したパッセンジャー DNA と，同じ制限酵素で切断したベクター DNA を試験管内で混合すると，相補的な鎖どうしが容易に水素結合対を作ることができる．これに DNA リガーゼを処理すると，異種 DNA どうしの隣接した $5'$-P 末端と $3'$-OH 末端とが連結して，組換え DNA を作製することができる．平滑末端をもったパッセンジャー DNA とベクター DNA を連結する際には，T_4 DNA リガーゼを用いれば連結することができる．組換え DNA の作製を効率よく行うために，ベクター DNA はあらかじめアルカリホスファターゼ処理して，ベクター DNA 自身の再結合を防ぐ．

大腸菌への組換え DNA の導入（形質転換）

大腸菌への組換え DNA の導入には，最初に大腸菌膜が DNA を取り込みやすい状態にする必要がある．一般的には，塩化カルシウムや塩化ルビジウムで大腸菌を処理すると大腸菌が DNA を取り込むようになる．いわゆる塩化カルシウム法や塩化ルビジウム法と呼ばれている方法である．このような DNA の受容能をもった細胞をコンピテントセル（competent cell）という．組換え DNA をこれらの大腸菌の浮遊液に加え，42℃ で 45 秒間（あるいは 37℃ で 2 分間）処理することにより細胞内に取り込まれる．また，大腸菌に電気パルスを与えることにより細胞に瞬間的に微細な孔をあけ，

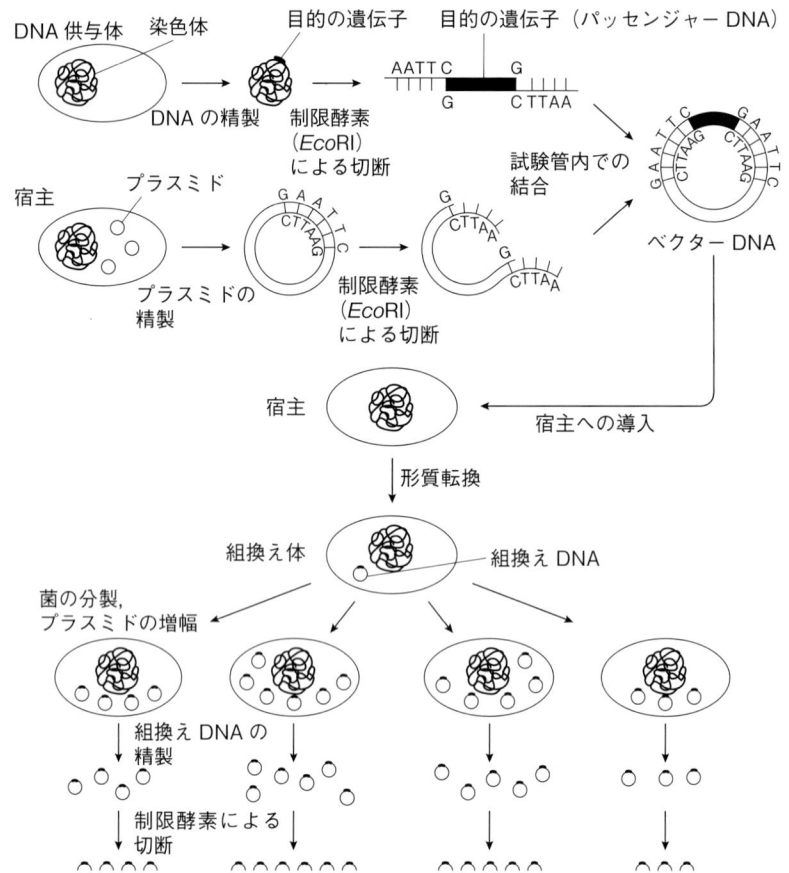

図 2.4 組換え DNA 技術の模式図（遺伝子の増幅）（池上 1997 より作成）

の小さな二本鎖 DNA を分離・精製する．これをベクター（vector）という．大腸菌ではおもに薬剤耐性遺伝子など二次的な形質をコードしているプラスミド（plasmid）や，大腸菌に感染増殖するファージ（vector）の DNA が用いられる．

③ベクター DNA を，その複製開始点を切断することなく，それ以外の場所で 1 箇所制限酵素によって切断し，そこに DNA リガーゼ（DNA ligase）を用いてパッセンジャー DNA を結合する．結合によって生じた環状 DNA を組換え DNA（recombinant DNA）という．

④この組換え DNA を元のベクターが増殖しうる細胞に移入して，増殖させるとともに大腸菌内で形質発現させる（タンパク質の合成）か，または宿主細胞から組換え DNA を抽出精製し，そこからさらに目的の遺伝子を含む DNA 断片を切り出す（遺伝子の増幅）．

用語の説明（文部科学省告示第 5 号組換え DNA 実験指針による）
・組換え DNA（recombinant DNA）
ある生細胞内で複製可能な DNA と異種の DNA とを，試験管内で

結合させることによって作製した DNA.
- 組換え DNA 実験（recombinant DNA experiment）

次のいずれかに該当する実験をいう（自然界に存在する生細胞と同等の遺伝子構成をもつ生細胞を作製する実験およびこれを利用する実験を除く）．(i) 組換え DNA を生細胞に移入し，異種の DNA を複製させる実験およびこれにより作製された生細胞またはこの生細胞から生じた個体を用いる実験．(ii) 組換え DNA よりベクターを除去して得た異種の DNA またはこれと同等の遺伝子情報を有する DNA を直接生細胞に移入し，異種の DNA を複製させる実験またはこれにより作製された生細胞またはこの生細胞から生じた個体を用いる実験

- ベクター（vector）

宿主に異種の DNA を運ぶ DNA.

- 組換え体（recombinant）

組換え DNA 実験により作製された生細胞またはこの生細胞から生じた個体.

- 宿主（host）

組換え DNA 実験において，組換え DNA 分子または異種の DNA が移入される生細胞.

- 形質転換（transformation），形質導入（transfection）

いずれも組換え DNA を生細胞に移入してその DNA を発現させることをいい，ベクターとしてプラスミドを使う場合に形質転換，ファージを使う場合に形質導入という．

DNA を導入する方法もある．この方法をエレクトロポレーション法（electroporation）という．

2.3 組換え DNA 実験でよく用いられる酵素

a. 制限酵素

ある細菌細胞で増殖したバクテリオファージ（bacteriophage）は異なる株の細菌細胞では増殖しにくいという現象が知られており，これを制限（restriction）という．この現象は細菌にウイルスや他の細菌の DNA 断片のような外来性 DNA が感染・侵入したとき，それらの DNA を自己の DNA から区別して DNA 加水分解酵素によって分解除去することにより身を守る防御機構の1つである．この DNA 加水分解酵素は外来性 DNA の複製を制限するという意味で制限酵素（restriction enzyme）という．この酵素はその反応の性質によって3つのタイプに分類されるが，組換え DNA 実験で使用されるのは II 型に属する酵素である．制限酵素は以下の命名法に従い名前がつけられている．

① 最初の文字はその酵素が分離された生物の属名の頭文字である．
② 2番目と3番目の文字はその酵素が分離された生物の種名の最初の2文字である．
③ 以上の3文字は学名に由来するので，イタリック体で書かれる．
④ 4番目の文字はその生物の株名を示す．
⑤ 複数の制限酵素が同一生物種から分離された場合に，ローマ数字は発見の順番を示している．

(例)　*Eco*RI　　E　　*Esherichia* 属
　　　　　　　　co　　*coli* 種
　　　　　　　　R　　RY13 株
　　　　　　　　I　　*Esherichia coli* RY13 より最初に分離された
　　　*Hind*III　H　　*Haemophilus* 属
　　　　　　　　in　　*influenza* 種
　　　　　　　　d　　Rd 株
　　　　　　　　III　*Haemophilus influenzae* Rd より3番目に分離
　　　*Pst*I　　P　　*Providencia* 属
　　　　　　　　st　　*stuartii* 種
　　　　　　　　I　　*Providencia stuertii* 164 より最初に分離

II 型制限酵素は分子量2〜10万で，DNA 分子内の4個あるいは6個の塩基配列を認識してその内部を切断する（図2.5）．II 型制限酵素が認識する場所は，常に二本鎖の $5'\to 3'$ の配列がまったく同一であるパリンドローム（palindrome）構造となっている．II 型制限酵素で切断された DNA の切り口は $5'$ 末端側か $3'$ 末端側のどちらかが突出したものや，平滑に切断されるものの両方が存在する．前者を付着

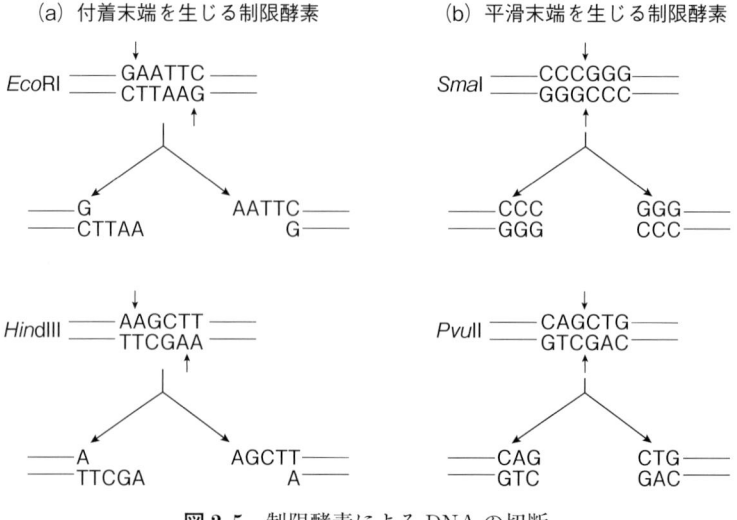

図 2.5　制限酵素による DNA の切断

末端（cohesive end），後者を平滑末端（blunt end）という．

仮に DNA 分子中で 4 個の構成塩基がランダムに存在すると考えると，4 塩基の組み合わせは 256 塩基（4×4×4×4）ごとに出現するので，4 塩基認識の制限酵素による切断は理論的には 256 塩基に 1 回の割合で起こっていることになる．同じように，6 塩基認識の制限酵素の場合は 4096 塩基（4×4×4×4×4×4）に 1 回の割合で切断が起こっていることになる．

b. DNA リガーゼ

DNA リガーゼ（DNA ligase）は，二本鎖 DNA の一方の鎖にあるニック（nick；切れ目）をホスホジエステル結合（phosphodiester linkage）で結合する酵素である（図 2.6）．組換え DNA 実験において，付着末端をもった DNA どうしを連結する際，相補的な鎖どうしは水素結合により結合し，異種 DNA どうしの隣接した 5′-P 末端と 3′-OH 末端を DNA リガーゼが連結する（図 2.6）．DNA リガーゼには大腸菌リガーゼと T4 ファージリガーゼ（T4 DNA リガーゼ）がある．大腸菌リガーゼは補酵素として NAD を必要とし，T4 ファージリガーゼは ATP の存在を要求する．大腸菌リガーゼは平滑末端の DNA どうしを連結することはできないのに対して T4 ファージリガーゼは可能である．DNA リガーゼの生理的役割は DNA の不連続複製において形成される岡崎フラグメントの結合，あるいは損傷を受けた DNA の修復過程に関与していると考えられている．

c. アルカリホスファターゼ

アルカリホスファターゼ（alkaline phosphatase；AP）は，アルカリ条件下で 5′ 末端に存在するリン酸を特異的に除くことができる．この酵素は，大腸菌由来（BAP），ウシ小腸（calf intestine）由来（ClAP）

DNA の不連続複製

DNA を構成する 2 本の鎖はその向きが互いに逆方向になっており，また核酸の合成は 5′→3′ の方向にしか起こらない．したがって，複製フォーク（replication fork）のすぐ後の領域では，親 DNA の二本鎖がほどけるにつれて一方の鎖では 5′→3′ 方向に連続的に新しい DNA 鎖が合成される．この鎖をリーディング鎖（leading strand）とよぶ．他方の鎖では，親の DNA 鎖がある程度一本鎖として露出され，複製フォークの進行方向に対して逆方向に岡崎フラグメントとよばれる短鎖 DNA が合成される．このような短鎖 DNA が 5′→3′ 方向に次々に合成され，次いでお互いに DNA リガーゼにより結合してラギング鎖（lagging strand）が完成する．このようなラギング鎖の合成様式を不連続複製とよんでいる．

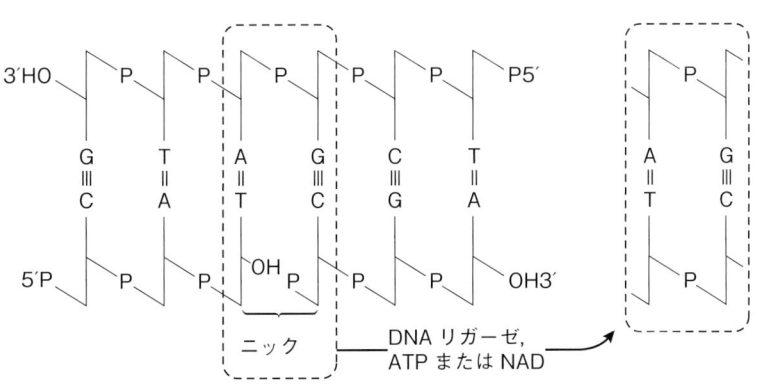

図 2.6 DNA リガーゼによる DNA のニックの結合

とエビ (shrimp) 由来 (SAP) がある. SAP は BAP とは異なり, 65℃で15分間の熱処理により完全に可逆的に失活する. 組換え DNA 実験では効率よくクローニングを行うために, ベクター DNA をアルカリホスファターゼ処理して, ベクターの再結合を防ぐのに使用される.

d. T_4 ポリヌクレオチドキナーゼ

ATP 存在下で, DNA あるいは RNA の 5′-OH 末端のリン酸化を触媒する. 組換え DNA 実験では, DNA をアルカリホスファターゼで 5′ 末端のリン酸を除去した後, [γ-^{32}P]ATP (γ 位が ^{32}P で標識された ATP)(図 2.7)を用いて 5′ 末端を ^{32}P で標識するのに用いられる.

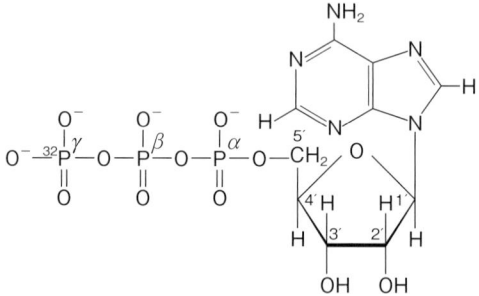

図 2.7 [γ-^{32}P]ATP

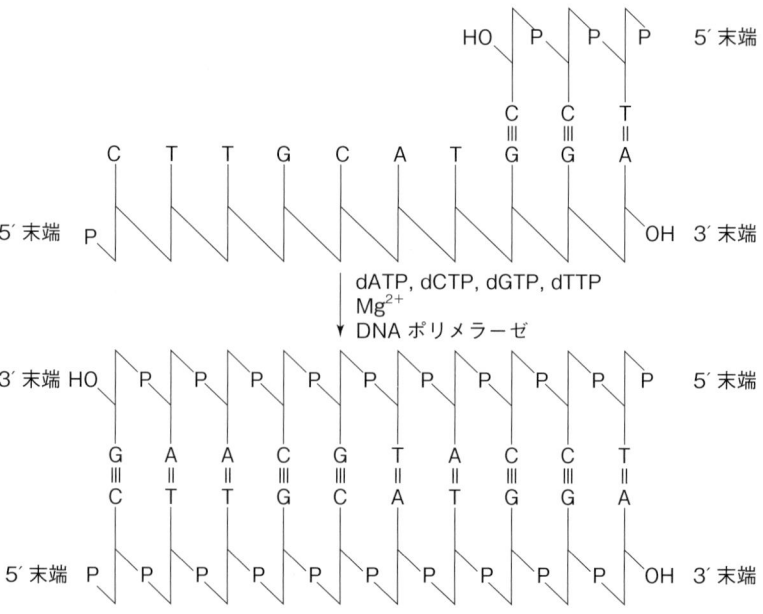

図 2.8 DNA ポリメラーゼ (クレノウフラグメント) による DNA 合成

e. DNAポリメラーゼ

大腸菌には3種類のDNAポリメラーゼI, II, IIIがあるが、組換えDNA実験で用いられるのはDNAポリメラーゼIである。DNAポリメラーゼIは分子量109,000で、4種のデオキシリボヌクレオシド三リン酸を基質として、鋳型DNAとプライマーとMg^{2+}の存在下でDNAを$5'\to3'$の方向に合成する（図2.8）。DNAポリメラーゼIはポリメラーゼ活性のほかに二本鎖特異的$5'\to3'$エキソヌクレアーゼ（$5'\to3'$ exonuclease）と一本鎖特異的$3'\to5'$エキソヌクレアーゼ（$3'\to5'$ exonuclease）活性をもっている。$5'\to3'$エキソヌクレアーゼ活性を欠失したDNAポリメラーゼIをクレノウフラグメント（klenow fragment）という。

f. 逆転写酵素

生物の遺伝情報はDNAからRNAへ、さらにタンパク質へと伝達される。しかしながら、ゲノムをRNAとするウイルスの中には、一本鎖RNAを鋳型にしてDNAを合成する酵素をもっているものがある。1970年、アメリカのテミン（Temin）はマウス白血病のRNA型ウイルス粒子内に、またバルチモア（Baltimore）はラウス肉腫のRNA型ウイルス粒子内にこの酵素が存在することを発見した。この酵素は転写（DNA→RNA）の逆過程（RNA→DNA）に働くという

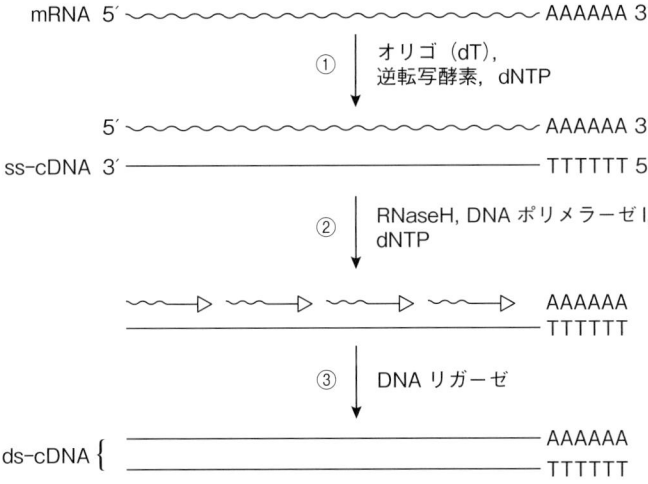

図2.9 真核生物のmRNAからの二本鎖cDNA（ds-cDNA）の合成
①逆転写酵素によりmRNAに相補的な一本鎖cDNA（ss-cDNA）を合成．
②DNA・RNA上のRNA鎖にRNaseによってニックを導入，DNAポリメラーゼはそれにより形成されたRNA鎖をプライマーとしてDNA鎖を合成する．
③DNAリガーゼにより各々のDNA鎖が結合，ds-cDNAが完成する．

意味で逆転写酵素（reverse transcriptase）という．これらのウイルスは細胞に感染すると，逆転写酵素を用いてウイルスゲノム RNA を鋳型にして線状二本鎖 DNA を合成する．合成された DNA は細胞の染色体 DNA に組み込まれ，細胞の転写，翻訳機構を利用して複製・増殖する．逆転写酵素は遺伝子のクローニングの際 mRNA から DNA を合成するときに使用される（図 2.9）．mRNA から転写された DNA を cDNA（complementery DNA）という．

g. RNase

RNase（ribonuclease；RNA 分解酵素ともいう）は RNA の内部に作用するエンドヌクレアーゼである．RNase のうち最もよく利用されるのはウシ膵臓から分離される RNase A（RNase I ともいう）と，*Aspergillus oryzae* のタカジアスターゼから分離された RNase T_1 である．RNase H は RNA・DNA ハイブリッド（RNA・DNA hybrid）の RNA 鎖のみを特異的に分解する酵素で，mRNA から cDNA の合成の際に使用される（図 2.9）．

h. S1 ヌクレアーゼ

S1 ヌクレアーゼ（S1 nuclease）は一本鎖の DNA や RNA を優先的に切断するエンドヌクレアーゼである．また，一本鎖部分をもつ二本鎖 DNA の一本鎖部分や，二本鎖 DNA 内の不適正塩基対部位や，ニック部位を認識して相補鎖を切断する．S1 ヌクレアーゼは二本鎖 DNA の末端の平滑化，cDNA の調製や S1 マッピング（S1 mapping）などの核酸解析法で用いられる．

2.4 ベクター

組換え DNA 実験に用いられるベクター（vector）は，宿主細胞内で自律的に複製することができる二本鎖 DNA であることが必要であり，その他のベクターの条件は次のようなことが挙げられる．
①宿主細胞 1 個当たりの数が多く（コピー数が多いという），また簡単に分離精製ができる．
②小さい DNA 分子で不必要な遺伝情報をできるだけもたず，また大きなパッセンジャーＤＮＡをクローニングできる．
③複製開始点以外の部分を 1 箇所切断する制限酵素がいろいろある．
④組換え DNA を含む宿主細胞を容易に検出できる遺伝子マーカーをもっている．

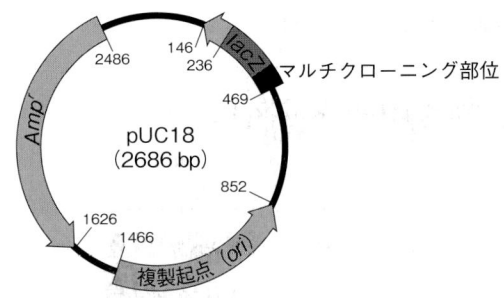

図 2.10 代表的なプラスミドベクターである pUC18
Amp^r：アンピシリン耐性遺伝子，*lacZ*：β-ガラクトシダーゼ遺伝子

⑤もし組み込まれたパッセンジャー DNA を発現させる場合には，それを発現させるためのプロモーター領域をもっている．

大腸菌の組換え DNA 実験では，大腸菌内で自己複製することができるプラスミドとファージを改良してベクターとして用いられる．

a. プラスミドベクター

今日よく用いられるプラスミドベクター（plasmid vector）の1つに pUC 系のベクター（pUC18, pUC19, pUC118, pUC119）がある．pUC18 の構造を図 2.10 に示した．pUC 系プラスミドは選択マーカーとしてアンピシリン耐性遺伝子（*Amp^r*）と β-ガラクトシダーゼ（β-galactoshidase）遺伝子（*lacZ*）の一部をもち，β-ガラクトシダーゼ遺伝子上に 12 種類の制限酵素切断部位（マルチクローニング部位；multicloning site）を人工的に導入したものである．β-ガラクトシダーゼはラクトースをグルコースとガラクトースに分解する酵素である．*lacZ* は一般的に大腸菌の染色体 DNA 上に存在するが，ある種の変異体の大腸菌では，この *lacZ* の一部が欠失している．この欠失している箇所に相当する部分の遺伝子をもつ pUC 系のプラスミドが共存すると，そのときだけ β-ガラクトシダーゼを合成することができる．これを α-相補性（α-complementation）という．pUC 系プラスミドをもつ大腸菌を，X-gal（5-ブロモ-4-クロロ-3-インドリル-β-D-ガラクトシド）を含む寒天プレートで増殖させると，大腸菌の菌体内に浸透した X-gal は β-ガラクトシダーゼにより分解されて青色のコロニーを呈する．β-ガラクトシダーゼ遺伝子上のマルチクローニング部位に DNA 断片がクローニングされると，β-ガラクトシダーゼ遺伝子は不活化されるので白色コロニーとなる．この反応には β-ガラクトシダーゼを誘導するためのインデューサーとして，イソプロピルチオ-β-D-ガラクトシド（isopropylthio-β-D-galactoside；IPTG）を加える．

b. ファージベクター

ファージベクター (phage vector) はプラスミドベクターと並んでよく用いられるベクターである．ファージベクターの利点は，①プラスミドベクターよりも長い DNA（20 kbp 程度まで）が挿入可能なこと，②λファージの *in vitro* パッケージングの効率はプラスミドの形質転換効率に比べてかなり高いこと，③ファージ粒子中に取り込まれる最大および最小の DNA サイズが決まっているのでバックグランドとなるクローンを除去することができること，である．cDNA ライブラリーやゲノム DNA ライブラリーの作製のためのベクターとしてはファージベクターやコスミドベクター（次々頁）が一般的に用いられている．クローニング可能な DNA 断片の大きさはファージベクターでは約 20 kbp，コスミドベクターでは約 40 kbp とコスミドベクターの方が大きい．しかし，ファージベクターはコスミドベクターと比較して取扱いが容易で，形質転換率が高くスクリーニングも容易である．

λファージは 48,502 塩基からなる直鎖状の二本鎖 DNA をゲノムとする．この二本鎖 DNA の両端には相補的な 12 塩基からなる一本鎖の付着末端 (cohensive end；*cos* 部位) が存在する．λファージは感染後，付着末端どうしが結合後環状化してローリングサークルで複製する．λファージ DNA がファージ粒子頭部に収納されるときにもこの *cos* 部位は重要な働きを担っている．λファージ系ベクターには挿入 DNA の大きさが異なる挿入型と置換型がある．挿入型ベクターは主として cDNA ライブラリーの作製に用いられる．挿入型λファージはファージ DNA にある適当なマーカー遺伝子の内部に異種 DNA

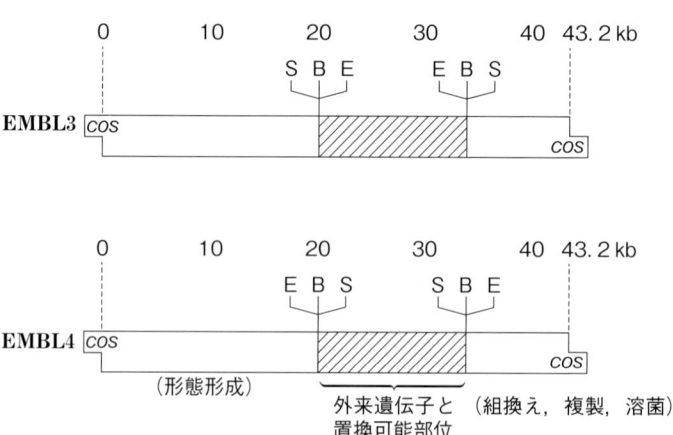

図 2.11 λファージベクター EMBL3 と EMBL4
いずれのベクターとも斜線の部分に 9〜23 kbp の異種 DNA を挿入することができる．
図中記号：S＝*Sal*I 部位，B＝*Bam*HI 部位，E＝*Eco*RI 部位．

を挿入すると，挿入によりそのマーカー遺伝子が不活化されることを利用してクローニングを行う．この代表に λgt10, λgt11 や λgt11 を改良した λZAP などがある．これらの λ ベクターは 7.6 kbp までの DNA 断片が挿入可能である．λgt11DNA の中央部に β-ガラクトシダーゼ遺伝子（*lacZ*）が挿入されており，その遺伝子上に *Eco*RI 部位をもつ．挿入された DNA はフレームが合えば β-ガラクトシダーゼとの融合タンパク質として発現するので，抗体によるスクリーニングも可能である．IPTG と X-gal を含んだ培地で組換え体は透明なプラークを，非組換え体は青色組換え体を形成する．置換型ベクターに

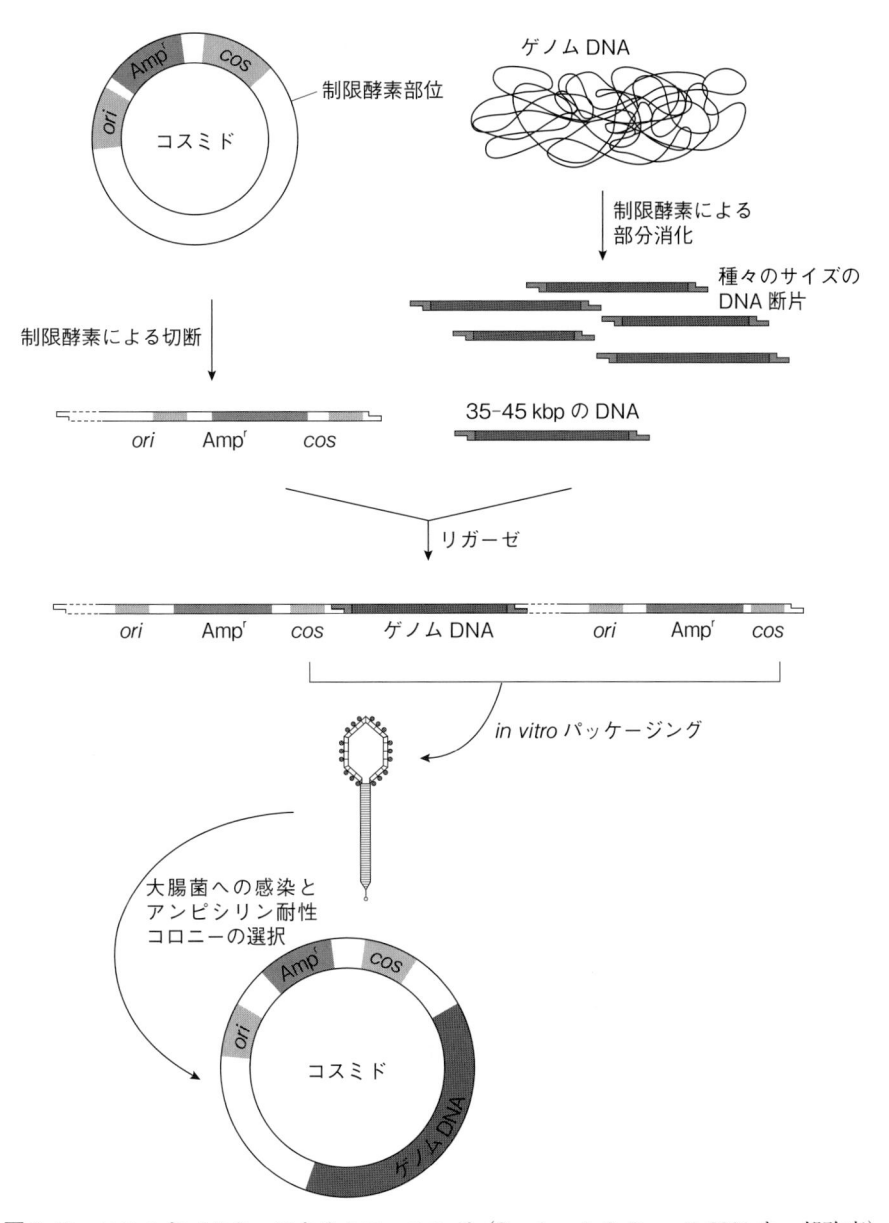

図 2.12 コスミドベクターによるクローニング（Sambrook & Russell 2001 を一部改変）

は，ゲノム DNA ライブラリー作製用に開発された EMBL3, EMBL4（図2.11）があり，9〜23 kbp の DNA 断片を挿入することができる．

c. コスミドベクター

コスミドベクター（cosmid vector）はプラスミドの複製開始点領域と λ ファージ粒子へのパッケージングに必要とされる λDNA の *cos* 部位をもったもので，λ ファージの *in vitro* パッケージング系を利用して効率よく組換え DNA を大腸菌に導入し，導入されたものはプラスミドとして安定に大腸菌のなかにとどまることができる．選択マーカー遺伝子はアンピシリン耐性遺伝子などの薬剤遺伝子である．λ ファージ系ベクターよりも大きな DNA（約 40 kbp）を挿入することができる．図 2.12 にはコスミドベクターによる DNA クローニング法を示した．

d. YAC ベクター

真核生物の遺伝子には数百 kbp のものも数多く存在する．YAC（yeast artificial chromosome；酵母人工染色体）ベクターはこのような大きな数百 kbp の DNA をクローニングすることを可能にした．これにより，染色体 DNA の研究がより容易になった．YAC ベクターは pBR322 を基本骨格とし，テトラヒメナのテロメア（TEL），酵母のセントロメア（CEN4）と複製開始点（ARS1）を付与した大腸菌・酵母間のシャトルベクターである．酵母内での選択マーカーとして，トリプトファン遺伝子（*TRP*1），ウラシル遺伝子（*URA*3）が導入されており，クローニング部位にはサプレッサー遺伝子（*SUP*4）が挿入されている．クローニング部位として *Sma*I（pYAC2），*Sna*BI

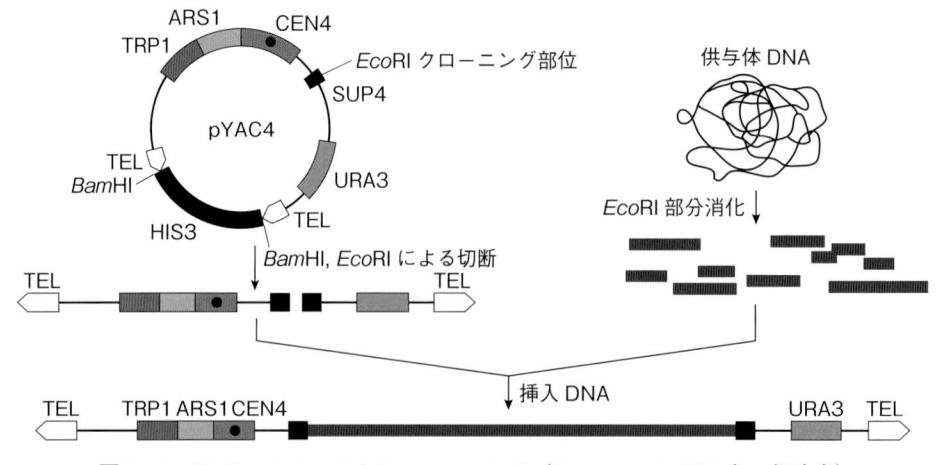

図 2.13 YAC ベクターによるクローニング（Burke *et al.* 1987 を一部改変）

(pYAC3), *Eco*RI (pYAC4), *Not*I (pYAC55) などがある. テロメアを両端に配置させるよう *Bam*HI で切断し, クローニング部位を *Eco*RI で切断し, 2本の断片に分ける. これに, 細胞から抽出し制限酵素処理した DNA を挿入し, 酵母を形質転換してゲノムライブラリーを作製する (図 2.13).

2.5 ゲノム DNA ライブラリーと cDNA ライブラリー

　遺伝子のクローニングを始めるにあたって, 普通は目的の遺伝子を含む DNA ライブラリーを作製し, その中から目的のものをスクリーニングすることになる. DNA ライブラリーにはゲノム DNA ライブラリーと cDNA ライブラリーがある. ゲノム DNA ライブラリーは, ある生物の染色体遺伝子 DNA を断片としてベクターにつなぎ, 染色体上のすべての領域を含むようにしたものをいう. cDNA ライブラリーは, 特定の組織で特定の時期に発現している mRNA の全体から cDNA を作製し, これをベクターに導入したものをいう. 図 2.14 に

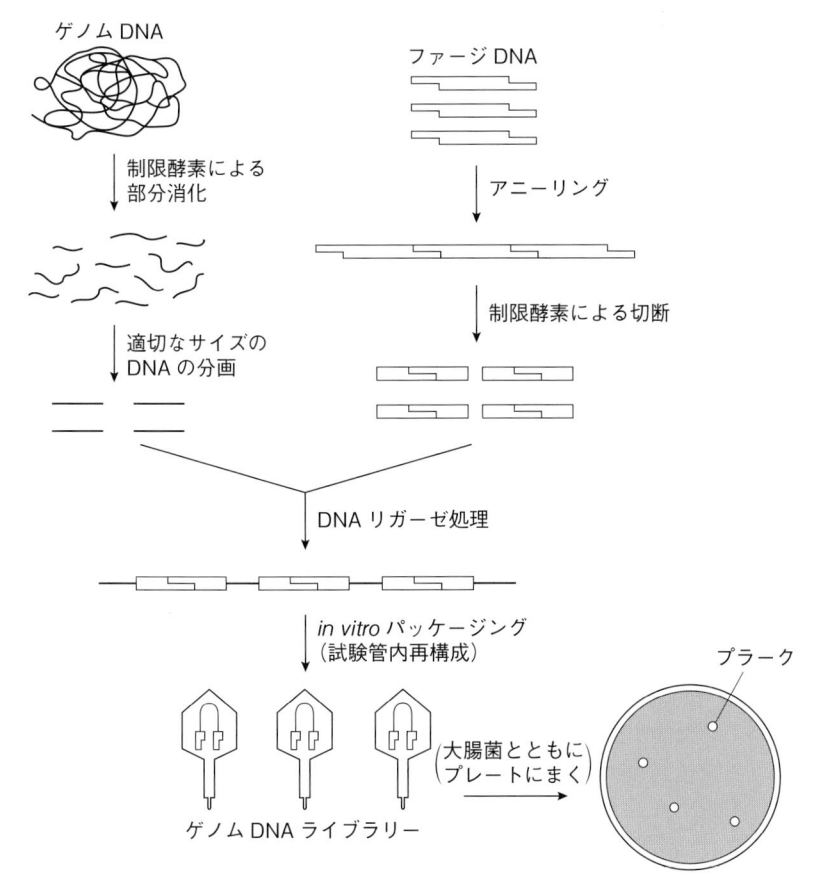

図 2.14 λファージベクターによるゲノム DNA ライブラリーの作製

λファージベクターを用いてのゲノム DNA ライブラリーの作製方法を示した．

2.6 クローンの選択

　高等生物の遺伝子をベクターに組み込む方法としては大きく分けて2つの方法がある．1つは，制限酵素で切断して生じた複数の DNA 断片から目的とする断片を精製してからベクターに組み込む場合と，もう1つはそれを精製せずできるだけすべての断片を組み込んだゲノム DNA ライブラリーをつくる場合とがある．後者の場合，多数の組換え体はいろいろな DNA をもっており，これらの組換え体の中から目的の遺伝子をもったクローンを得なければならない．多数の組換え体の中から目的の遺伝子をもった組換え体を得るためには通常プローブ（probe）核酸を用いたハイブリダイゼーション（hybridization）を用いる．ハイブリダイゼーションとは，相補的な DNA どうしは二本鎖 DNA を，また相補的な DNA と RNA は DNA・RNA の二本鎖を形成するという性質を利用したものである．ハイブリッド（hybrid）とは核酸雑種のことをいう．

　多くのコロニーから目的の遺伝子をもったコロニーをハイブリッド形成法により得る方法をコロニーハイブリダイゼーション（colony hybridization）といい，また多くのプラークの中から目的の遺伝子をもった組換え体を得る方法をプラークハイブリダイゼーション（plaque hybridization）という．図 2.16 にコロニーハイブリダイゼーションを示した．プラークハイブリダイゼーションの原理はコロニーハイブリダイゼーションと同じである．組換え DNA が導入された大

ハイブリダイゼーションの原理
　二本鎖 DNA 溶液をゆっくり加熱しながら 260 nm の吸収の変化を追跡すると，温度の上昇に伴い吸収値が少しずつ上昇するが，ある温度を過ぎると吸収値が急激に上昇し始め，間もなく上昇は停止する（図 2.15）．急激に上昇を開始してから上昇が終わるまでの中点に相当する温度を融解温度（melting temperature；Tm）という．温度の上昇による吸収の増加は二本鎖 DNA が一本鎖 DNA にほどけてゆく過程に対応するものである．二本鎖 DNA が一本鎖 DNA にほどけることを DNA の変性（denaturation of DNA）といい，このようにしてできた一本鎖 DNA を変性 DNA という．変性 DNA は温度を急激に下げたときには，一本鎖のまま残る．しかし，加熱後ゆっくり冷やす（徐冷）と再び二本鎖に戻る．このことを DNA の再生（renaturation of DNA）という．二本鎖に戻った DNA を再生 DNA という．

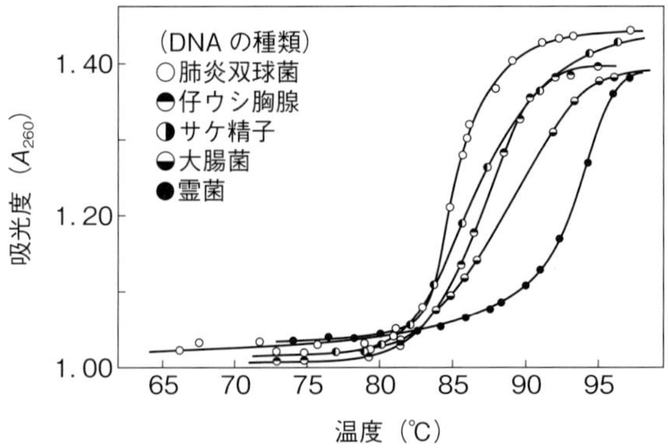

図 2.15 DNA の変性曲線（関口 1980 を一部改変）
測定法は吸光度 A_{260}（紫外線波長 260 nm の吸収）の上昇をみている．

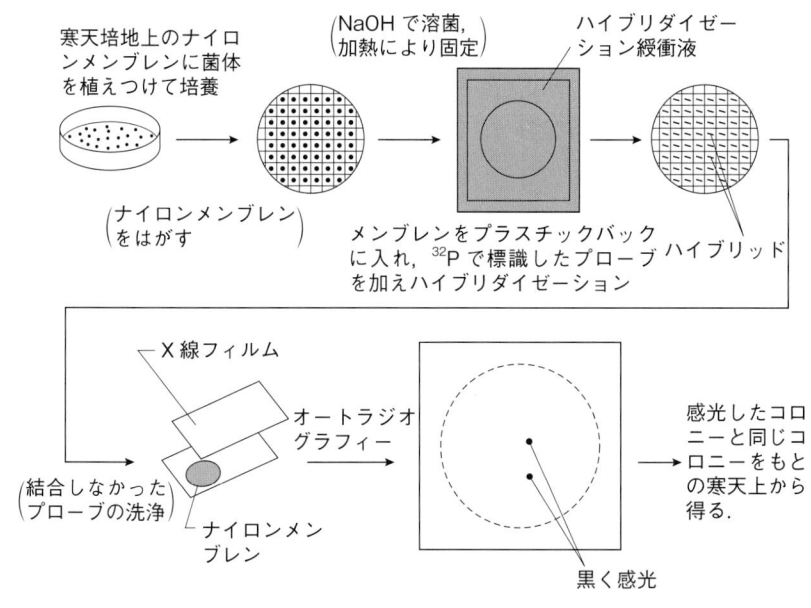

図 2.16 コロニーハイブリダイゼーション（池上 1997 に加筆）

腸菌で寒天上にコロニーを形成させた後，寒天培地上の多数のコロニー集団をナイロンメンブレンに移す．37℃で一晩培養後，メンブレンをアルカリ処理すると大腸菌の膜は溶解して DNA は溶け出してメンブレンに吸着される．DNA はアルカリにより変性して一本鎖の状態で吸着する．このメンブレン上で，^{32}P で標識した一本鎖 DNA プローブ溶液に浸してハイブリッドを形成させた後，X 線フィルムにあてて感光させる．黒く感光した部分がプローブとハイブリッドした DNA をもつクローンである．

2.7 クローニングされた遺伝子 DNA の解析

a. サザンハイブリダイゼーションとノーザンハイブリダイゼーション

サザンハイブリダイゼーション（Southern hybridization）は ^{32}P で末端標識した一本鎖 DNA と相補的な，あるいは相同性の高い塩基配列をもつ DNA 領域を同定することができる．その原理を次に説明する（図 2.17）．制限酵素で切断した DNA 断片を，アガロースゲル電気泳動（agarose gel electrophoresis）した後，ゲルをアルカリ溶液に浸して，ゲル内の二本鎖 DNA を一本鎖に変性する．続いてゲルを中和した後，変性 DNA をナイロンメンブレンに移す．このメンブレンを ^{32}P で標識した一本鎖 DNA プローブ溶液に浸してハイブリッドを形成させた後，X 線フィルムをあてて感光させる．黒く感光した

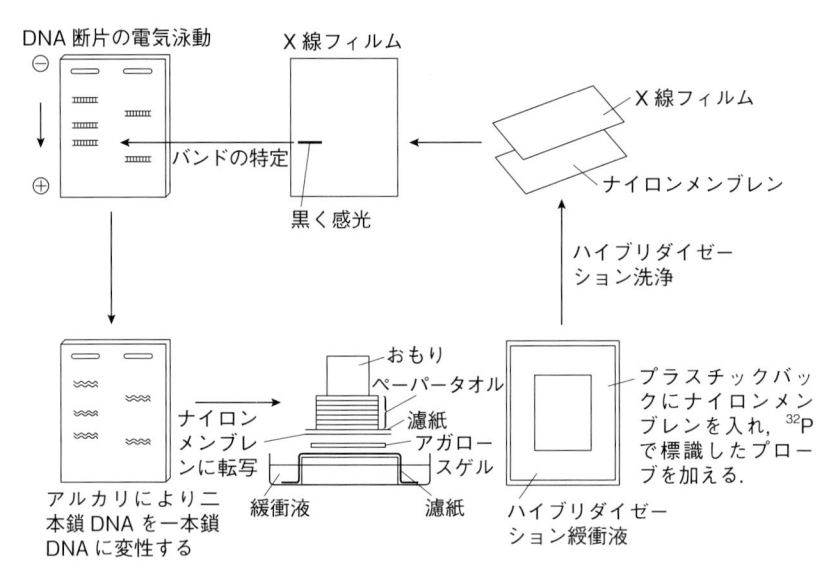

図2.17 サザンハイブリダイゼーション（池上 1997 に加筆）

部分がプローブ核酸とハイブリッドを形成した核酸である．

ノーザンハイブリダイゼーション（northern hybridization）は，RNA をアガロース電気移動した後，ゲルからナイロンメンブレンに移し，この膜上で ^{32}P で標識した一本鎖 DNA プローブとハイブリッドを形成させる方法である．特定の mRNA の存在を検出することができるので，遺伝子発現の有無を調べるのに利用される．

b. DNA 塩基配列の決定

1970 年半ばに，DNA の塩基配列（nucleotide sequence）を決定する 2 つの方法が開発された．1 つはマクサム（Maxam）とギルバート（Gilbert）の 2 人によって開発された化学的方法（発明者の名前をとってマクサム・ギルバート法（Maxam-Gilbert method）という）であり，もう 1 つの方法はジデオキシ法（dideoxy method；ジデオキシチェインターミネイション法（dideoxy chain-termination method）あるいは発明者の名前をとってサンガー法（Sanger method）ともいう）である．マクサム・ギルバート法はジデオキシ法の普及により今日あまり広く用いられていないが，後述の S1 マッピング法やプライマー伸長法など，DNA とタンパク質の相互作用の解析には今も利用されている．

(1) ジデオキシ法

一本鎖 DNA にプライマー DNA，DNA ポリメラーゼⅠ（クレノウフラグメント），基質となる 4 つの dNTP（dATP, dCTP, dTTP, dGTP）を加えれば，一本鎖 DNA を鋳型にしてプライマー DNA の

マクサム・ギルバート法
5′末端か3′末端をアイソトープまたは蛍光で標識した DNA フラグメントを，塩基特異的な化学反応によって切断し，そのフラグメントをポリアクリルアミドゲル電気泳動法で分離することにより塩基配列を決定する．

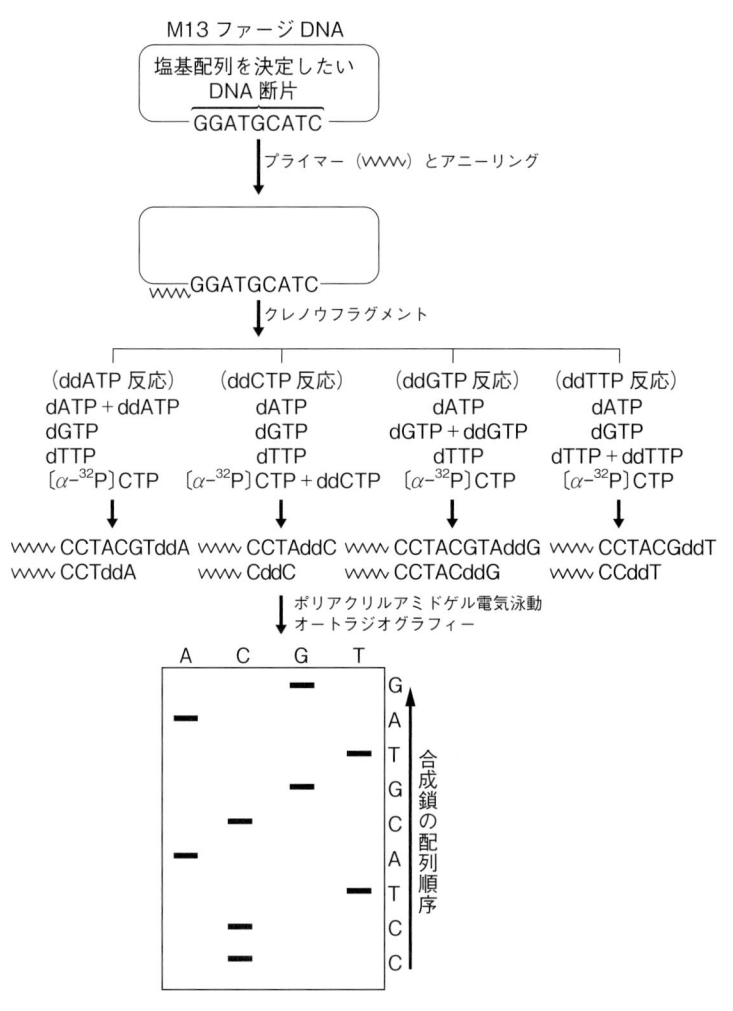

2.7 クローニングされた遺伝子 DNA の解析

図 2.18 ジデオキシ法による塩基配列決定法（池上 1997）

伸長反応が開始するが，この際，基質である4種類の dNTP のうち，dCTP の濃度を下げて適当な濃度のジデオキシシチジン三リン酸（ddCTP）を加えると dCTP の代わりに ddCTP が取り込まれる．ddCTP には 2′ と 3′ 位に水酸基がないため，それ以上反応は進まない．その結果，種々の長さの DNA 鎖の混合物が合成される．同様な反応を T, G, A でも行う．このようにして調製された4種類の DNA ポリメラーゼ反応液を同時にポリアクリルアミドゲル電気移動（polyacrylamide gel electrophoresis）を行い，塩基配列の解読を行う（図 2.18）．このジデオキシ法は，放射能の代わりに蛍光色素を用いることで自動分析化されており，4つの異なった標識色素を用いれば1つのレーンで短時間のうちに塩基配列を決定することができる．

さらに近年，サイクルシークエンス法や大量迅速な塩基配列決定法（キャピラリー電気泳動法）が開発された．サイクルシークエンス

法は目的 DNA を PCR した後，ジデオキシ法により塩基配列を決定する方法で，微量の DNA より塩基配列を決定することが可能になった．また，大量迅速な塩基配列決定法は，4 種の蛍光末端標識を用いたジデオキシ法により塩基配列の決定が行われる．従来の平板ガラス板法ではなく細いチューブを用いたキャピラリー法で，短時間で大量の DNA を泳動することができ，早く結果を得ることができる．

c. 遺伝子歩行

染色体上に多くの遺伝子が相互にどのように並んでいるかを知るためには，クローニングした DNA の塩基配列を決め，それを次々につなぎ合わせていく必要がある．実際には次のような方法で行われる．まず 1 つの遺伝子断片を単離すると，今度はその末端部分をプローブとして遺伝子ライブラリーからそのプローブと反応するクローンを選抜する．理論的には，このような方法を何度も繰り返せば，染色体上のすべての遺伝子をつなぎ合わせることが可能である．遺伝子歩行（gene walking）は染色体ウォーキング（chromosome walking）ともいう．

d. PCR と RT-PCR

PCR（polymerase chain reaction；ポリメラーゼ連鎖反応）法は

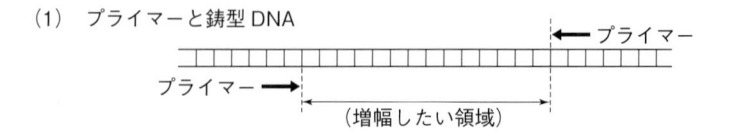

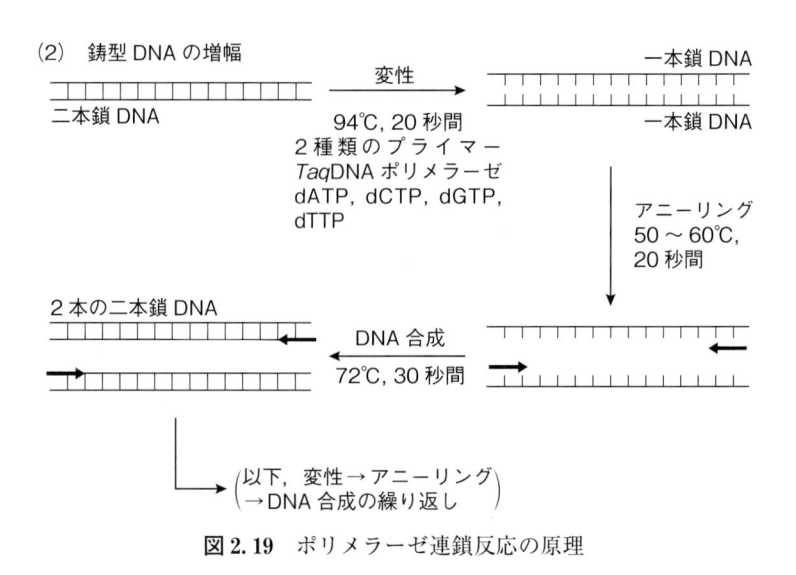

図 2.19 ポリメラーゼ連鎖反応の原理

ミュリス（Mullis）らによって1985年に開発された方法である．この方法により増幅したい特定のDNA領域とそれを挟む2種類のプライマー，および好熱菌のDNAポリメラーゼを用いて，特定のDNA領域の合成を繰り返すことによって目的のDNA断片を試験管内で増やすことができる．PCR法の原理を次に説明する（図2.19）．増幅しようとする目的の二本鎖DNA断片を一般的には94℃に20秒間加熱することによって，一本鎖DNAとする．目的のDNA鎖で，増幅したい領域の3′末端から始まる約20塩基の配列と相補的な塩基配列をもった2種類のプライマーを，DNAの（＋）鎖と（−）鎖に対応して用意する．続いて，これらの2種類のプライマーを熱変性して生じた一本鎖DNAと混合して温度を下げる（この操作をアニーリング（annealing）という）と，2種類のプライマーはそれぞれに相補的な一本鎖DNAと結合する．通常50～60℃で20秒間行う．続いて，基質となる4種類のdNTPを共存下に好熱菌のDNAポリメラーゼを作用させると，DNAの塩基配列に従ってプライマーの伸長が始まって，新しい相補的なDNA鎖がそれぞれ合成される．このようにして合成された二本鎖DNAを熱変性して一本鎖化して次の合成サイクルに入る．熱変性，プライマーのアニーリング，DNAポリメラーゼのDNA合成を1サイクルとして，通常20から30回繰り返される．20から30回後には2^{20}～2^{30}倍に増幅される．この方法は遺伝病や感染症の診断技術としてだけではなく，わずかなDNAで十分増幅することができることから，遺伝子工学の実験になくてはならないものになっている．

RT-PCR（reverse transcriptase-PCR）はmRNAのcDNAをPCRにより増幅する方法である．mRNAからの最初のcDNA合成は逆転写酵素を用いる場合と，逆転写活性を有する好熱菌酵素（TthDNAポリメラーゼ）を用いる場合とがある．cDNA合成のプライマーとしては，特定のmRNAのcDNAを増幅する場合には特異的なプライマーが用いられるが，単にmRNAのcDNAを増幅する場合にはオリゴ（dT）プライマーや6塩基からなるランダムプライマーが用いられる．

e. ゲル移動度シフト法とフットプリント法

遺伝子発現の転写レベルでの調節は転写因子によって厳密になされている．転写調節因子の多くはDNA結合タンパク質で，近年，このような結合タンパク質がゲル移動度シフト法（gel mobility shift assay）やフットプリント法（foot printing）を用いて同定されてい

好熱菌のDNAポリメラーゼ

PCRは，遺伝子工学の研究で幅広く用いられているが，これは1つには，大腸菌DNAポリメラーゼIのクレノウフラグメントの代わりに *Thermus aquaticus*（*Taq*）由来の好熱性ポリメラーゼを用いるようになったためである．*Taq*DNAポリメラーゼは，DNAを変性する際に必要な高い温度（94～95℃）に繰り返しさらされても安定なため，大腸菌DNAポリメラーゼIのクレノウフラグメントの場合のように各サイクルごとに酵素を加えるという煩雑な操作が不要になった．*Thermus aquaticus*は70～75℃で生育可能な好熱性真正細菌で，アメリカ・イエローストーン国立公園の温泉から最初に単離された．

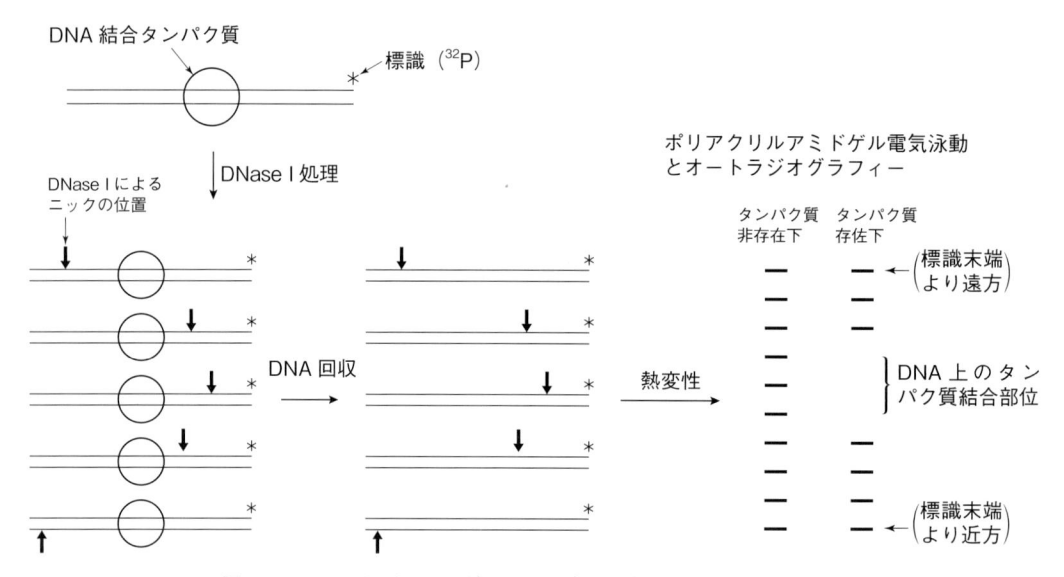

図 2.20 フットプリント法の原理（王・渡辺 1994 を一部改変）
DNA 結合タンパク質が結合した領域は DNase I の消化から保護されるので，バンドの数は減る．

る．ゲル移動度シフト法とフットプリント法はこのような遺伝子とタンパク質の相互作用を解析する方法である．ゲル移動度シフト法はタンパク質と DNA を適当な溶液内で結合させて，その混合液を低イオン強度の条件下でポリアクリルアミドゲル電気泳動を行うと，遊離の DNA と，タンパク質と結合した DNA の移動度が異なることを利用している．一般的にタンパク質・DNA 複合体は遊離の DNA より移動度が遅くなる．また，移動度の差異は DNA 断片と結合したタンパク質の分子量，等電点，立体構造などにより変化する．フットプリント法はタンパク質が DNA のどの配列に特異的に結合するかを決める方法である（図 2.20）．5' 末端または 3' 末端を ^{32}P で標識した DNA 断片にタンパク質を結合させて DNase I で消化すると，結合部位の DNA は切断されず，ゲル電気泳動後のオートラジオグラフィーではそれに対応するバンドは消失し白く見える．一方，タンパク質結合部位を含む DNA 断片を DNase I 処理して電気泳動を行うと，1 塩基ずつの長さの違いで分離された DNA 断片のバンドが得られ，両者を比較することにより，タンパク質の結合部位と，あらかじめ DNA 断片の塩基配列を決定しておけば，その部分の塩基配列が決定される．

f. S1 マッピング

遺伝子の転写開始点および転写終始点を決定するときには S1 マッピング（S1 mapping）が使われる（図 2.21）．転写開始点あるいは転写終始点をそれぞれ含んだ一本鎖 DNA プローブを作製する．転写

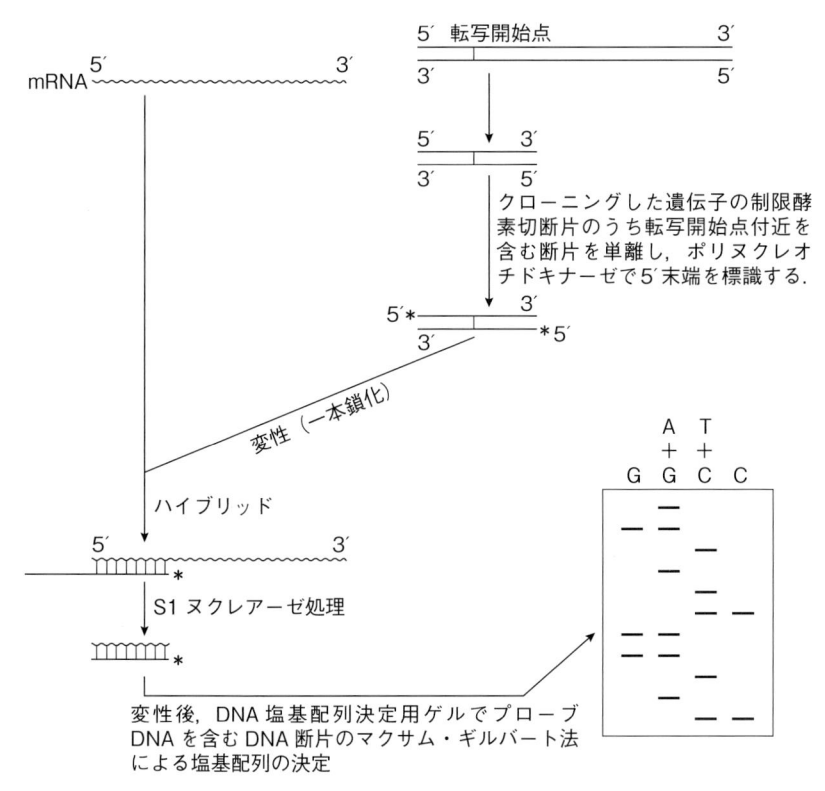

2.7 クローニングされた遺伝子 DNA の解析

図 2.21 S1 マッピング法

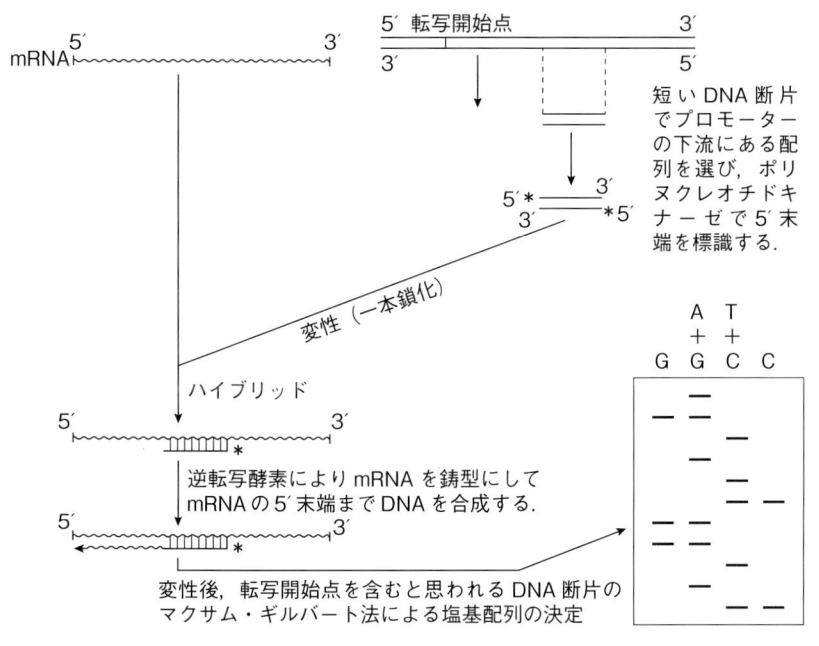

図 2.22 プライマー伸長法

開始点を決定したい場合には5′末端を^{32}Pで標識した一本鎖DNAプローブを用いる．転写終始点を決定したい場合には3′末端を^{32}Pで標識した一本鎖DNAプローブを用いる．これらのDNAプローブをmRNAと結合させ，一本鎖DNAと一本鎖RNAの部分をS1ヌクレアーゼで消化し，DNAとRNAのハイブリッドを得る．熱変性後，DNAの塩基配列を決定することによりmRNAの5′端または3′端の塩基配列が決定される．また，S1マッピングでスプライシング部位や，介在配列（イントロン）の大きさを調べることができる．

g. プライマー伸長法

プライマー伸長法（primer extension）は遺伝子の転写開始点を決定する方法である（図2.22）．プロモーターの下流にあって適当な長さの一本鎖DNAプローブを作製し，その5′末端を^{32}Pで標識する．逆転写酵素によってmRNAの5′末端までDNAを合成する．熱変性後，DNAの塩基配列分析によりmRNAの5′端の塩基配列を決定する．

2.8 組換えDNA実験のガイドライン

1970年頃からアメリカ・スタンフォード大学のバーグ（Berg）は動物の腫瘍ウイルスであるSV40のDNAをλファージに連結して大腸菌に導入し，大腸菌の中でSV40の遺伝子が発現するかどうかを調べる実験計画を考えていた．1971年，この実験計画を知ることになったコールド・スプリング・ハーバー研究所のポラック（Pollack）は，腫瘍ウイルスをもった大腸菌が研究室の外部に漏れたとき，人に感染して発がんの危険性があるのではないか，という懸念をもった．バーグ自身この危険性は少ないと考えていたが，まったくないとは言い切れないことから実験実施を延期した．1973年，ゴードン核酸会議（核酸に関するシンポジウム）で，カリフォルニア大学のボイヤー（Boyer）とスタンフォード大学のコーヘン（Cohen）は共同で制限酵素やDNAリガーゼを用いて2種類のプラスミドを切断・連結し，それを大腸菌に導入するという実験成果を報告した．これを受けてDNAの組換え操作の安全性が問題になった．1974年4月，アメリカ・ライフサイエンス部会の研究パネル部会のバーグ委員長は終日にわたる討論の結果，組換えDNA実験は慎重に実施しなければならないこと，さらに安全性が確保されるまで自発的に延長しなければならない実験を具体的に挙げ，最後に組換えDNA分子の潜在的危険性に対処する適切な方法を討論する国際会議を早々に開催することが提案

された．この提案を受けて翌年1975年2月カリフォルニア州のアシロマで有名な組換えDNA実験に関する国際会議「アシロマ会議」が開催された．この会議で組換えDNA実験は何らかの潜在的危険性があると考え，これに対処するために組換えDNAおよびこれを含む微生物が環境を汚染しないように封じ込めることが同意された．封じ込め方法には物理的封じ込めと生物学的封じ込めが考えられた．これらの考え方は後にアメリカ国立衛生研究所（NIH）で作成される組換えDNA実験のガイドラインの原形となった．1976年6月，NIHにより世界で最初に組換えDNA実験のガイドラインが作成された．わが国をはじめ各国のガイドラインはこれを参考に作成されている．

わが国における組換えDNA実験のガイドラインは，1979年「大学等の研究機関における組換えDNA実験指針」が文部省（現 文部科学省）より告示され，その後改正を重ねたが，2004年に廃止され，指針に規定されていた事項の大部分は「遺伝子組換え生物等の使用等の規制による生物の多様性の確保に関する法律(略称：カルタヘナ法)」(2004年施行)の下の省令などに位置付けされた．

カルタヘナ法
2000年に，生物多様性条約のもと「生物の多様性に関する条約」のバイオセーフティに関するカルタヘナ議定書が国連で採択された．この議定書は，遺伝子組換え生物等（遺伝子組換え技術，異なる科に属する生物の細胞融合技術により作製された生物）の使用による生物の多様性への悪影響（人の健康への影響も考慮）を防止することを目的としたものである．この議定書において求められている措置を国内で実施するための法律がカルタヘナ法である．

文　献

1) Burke, D. T., *et. al.* (1987)：Cloning of large segments of exogenous DNA into yeast by means of artificial chromosome vectors, *Science*, **236**：806-812.
2) 池上正人他（1995）：バイオテクノロジー概論，p.1-217，朝倉書店．
3) 池上正人（1997）：植物バイオテクノロジー，p.1-172，理工図書．
4) 王　継揚・渡邊　武（1994）：ゲル移動度シフト法とフットプリント法，遺伝子工学ハンドブック（村松正実・岡山博人編），p.1-319，羊土社．
5) Sambrook, J. and Russell, D. W. (2001)：*Molecular Cloning Vol.1～3*, CSHL Press.
6) 関口睦夫（1980）：核酸と遺伝，p.1-240，培風館．
7) 文部科学省：「生命倫理・安全に対する取り組み」Webページ http://www.mext.go.jp/a-menu/shinkou/seimei/index.htm
8) バイオセーフティクリアリングハウス：　http://www.bch.biodic.go.jp/

③ 植物のバイオテクノロジー

〔キーワード〕 プロトプラスト,細胞融合,茎頂培養,葯培養,胚培養,Ti プラスミド,バイナリーベクター,遺伝子導入,耐虫性植物,ウイルス病耐性植物,除草剤耐性植物,雄性不稔植物,品種・系統識別法

3.1 植物組織培養

a. 分化全能性

　植物組織培養の研究は古いが,本格的な発展は植物ホルモンの発見と密接な関係がある.1933年にインドール酢酸(indole-3-acetic acid;IAA,オーキシンの一種)が人尿から単離され,1955年にはカイネチン(kinetin,サイトカイニンの一種)が単離された(図3.1, 3.2).1937年,ゴートレ(Gautheret)はさっそくインドール酢酸を添加した培地でカエデのカルス(callus)(次々頁側注参照)を培養し試験管内で無限増殖させることに成功した.1957年,スクーグ(Skoog)とミラー(Miller)は,不定芽(adventitious shoot)や不定根(adventitious root)の分化にカイネチンと IAA の量比が大きくかかわっていることを発見し,植物組織培養は,一躍,注目を浴びるに至った.すなわち,タバコの茎の組織片を IAA とカイネチンの濃度をいろいろな組合せで培地に加え培養したところ,カイネチンの濃度が IAA の濃度より高いときには不定芽が形成され,逆に IAA の濃度が高いときには不定根が形成された.カイネチンと IAA の濃度がほぼ等量のときにはカルスとして活発に増殖した.一方,スチュワード(Steward)とライナート(Reinert)は,ほとんど同時にニンジン髄組織のカルスから不定胚(adventitious embryo)が形成され,そこから子葉とよく似た植物体が再生されることを報告した(図3.3).ヴァジル(Vasil)とヒルデブラント(Hildebrandt)(1967)は単細胞の培養と単細胞からの植物体再生に成功した.このように植物のどの組織または細胞も,ある条件下で培養を続けると種々の組織,器官を再分化して新しい植物体を形成することが可能である.植物がもっているこの能力を分化

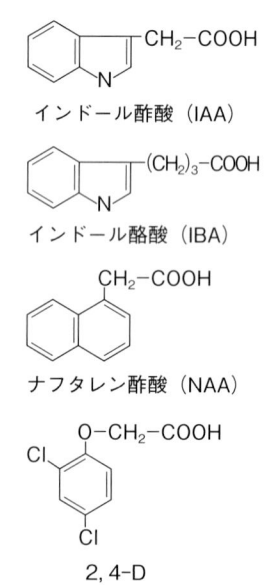

図3.1　おもなオーキシンの構造

インドール酢酸 (IAA)
インドール酪酸 (IBA)
ナフタレン酢酸 (NAA)
2, 4-D

全能性（topipotency）という（図 3.4）．

b. プロトプラスト

細胞壁が除去された裸の細胞をプロトプラスト（protoplast）（図 3.5）という．初めてプロトプラストを調整したのはイギリスのコッ

カイネチン

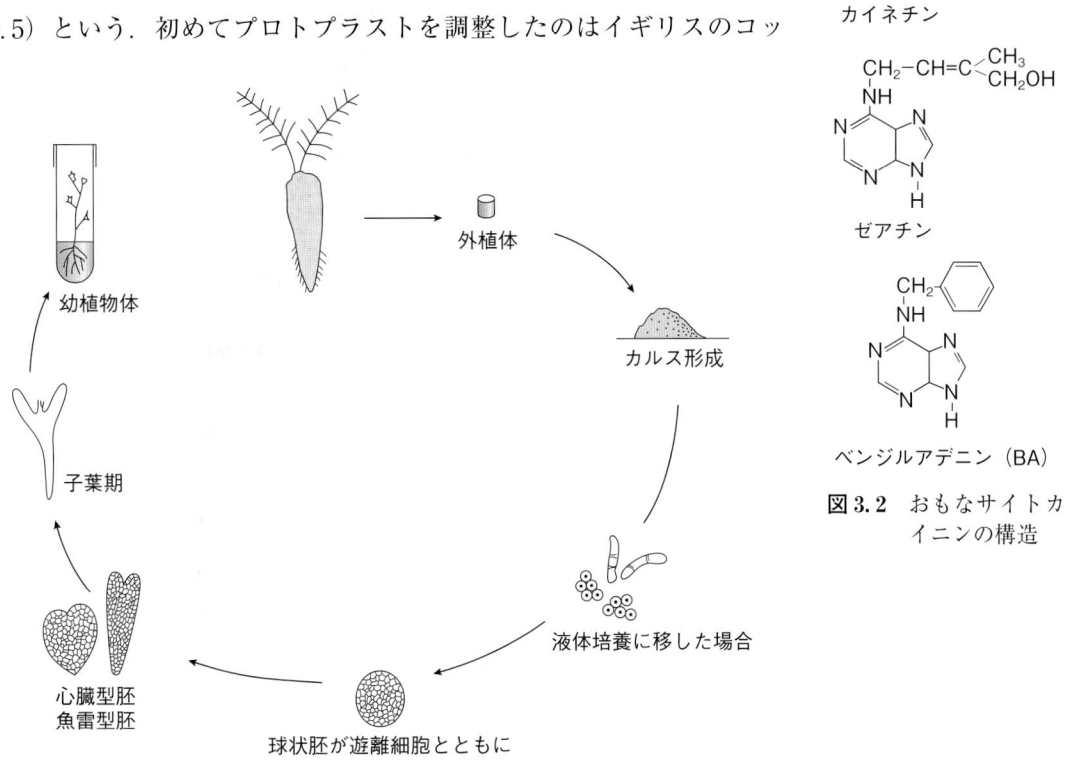

ゼアチン

ベンジルアデニン（BA）

図 3.2 おもなサイトカイニンの構造

図 3.3 ニンジンの根のカルス誘導と不定胚形成（中田原図）

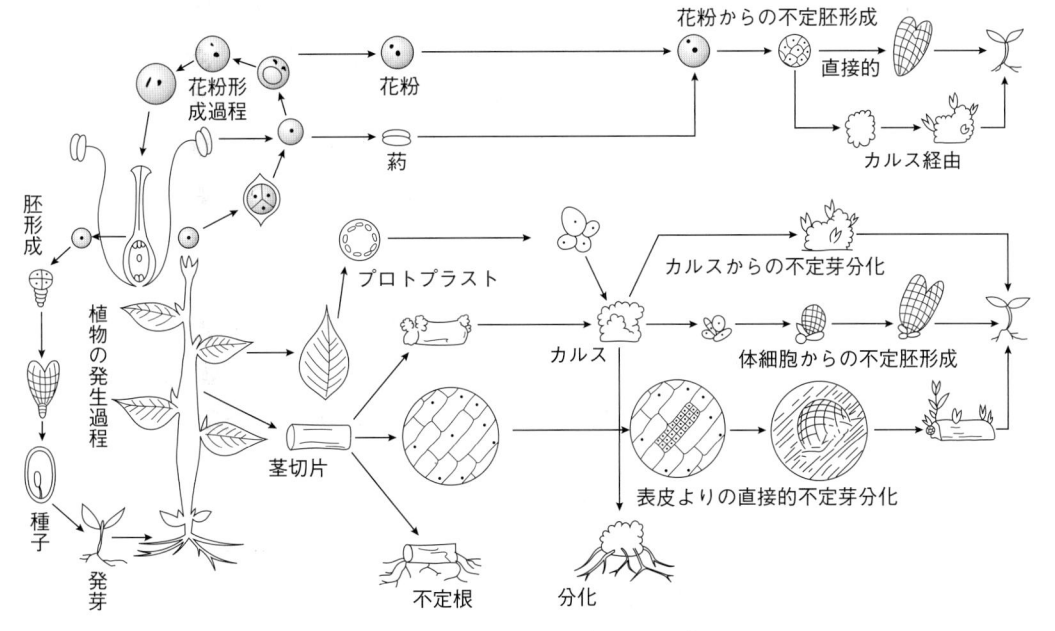

図 3.4 植物の全能性（原田 1989）

カルス

カルスとは組織からの脱分化 (dedifferentiation) によって生じる不定形の未分化の細胞の集塊をいう．カルスは，植物ホルモン添加培養基に置床した外植体 (explant) の切断面から誘導される．一般にはオーキシンを用いることが多い．しかし，植物ホルモンを培養基に添加することなく誘導されることもある．カルス細胞には，倍数性や異数性などの染色体の数的変異や構造的変異の異常を呈するものが多い．この変異を利用して，多くの変異体が作出されている．脱分化した未分化の状態にあるカルスから機能をもった器官・組織が再び形成されることを再分化 (redifferentiation) という．

不定胚

不定胚形成には直接的胚形成と間接的胚形成の2つの経路がある．置床した外植体上の一部の単細胞あるいは小細胞集団から，カルスを経由せずに形成される様式を直接的胚形成という．これに対して，体細胞からカルスを経由して不定胚を形成する様式を間接的胚形成という．間接的胚形成の例としてニンジンがあげられる．高濃度のオーキシンを含む培養基での外植体からのカルスの誘導と培養，続く低濃度かオーキシンを含まない培養基への移植により，エンブリオジェニックカルス (embryogenic callus, 不定胚形成カルス) が誘導され，そこから不定胚が形成される．外植体から誘導されたカルスには

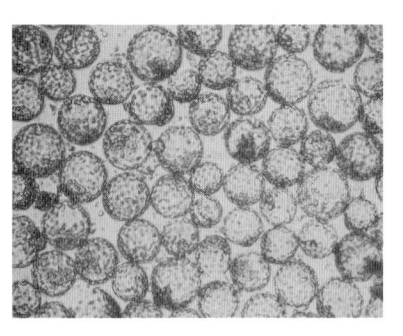

図3.5 タバコ葉肉プロトプラスト

キング (Cocking) で，1960年のことであった．彼は木材腐朽菌 (*Myrothecium verrucaria*) の抽出濾液より部分精製した酵素を用いて，トマトの根端よりプロトプラストを得，大きな注目を集めた．しかしながら，実験のたびに酵素を自ら調整しなければならないという煩雑さがあった．1968年になって，建部らは市販の酵素「マセロチーム」と「セルラーゼ・オノズカ」を用いてタバコの葉からプロトプラストの調製に成功した．プロトプラストは，お互いに融合することから体細胞雑種 (somatic hybrid) の作出に用いられ，また遺伝情報をもった高分子を細胞内に取り組むことから，エレクトロポレーション (electroporation) 法やポリエチレングリコール (polyethylene glycol；PEG) 法による外来遺伝子の導入に用いられる．また核や葉緑体などの細胞小器官の単離に利用される．

(1) プロトプラストの単離

プロトプラストは，葉肉組織，懸濁培養細胞，カルス，芽生え，根組織，花弁，花粉（四細胞期）などから単離することができる．しかし，プロトプラストの収量・活性は供試植物の栽培環境，特に日照などの栽培条件により大きく影響を受ける．培養細胞では対数増殖期の細胞が適している．植物体からのプロトプラストの単離は，まずペクチナーゼ (pectinase) により細胞をお互いに接着しているペクチン質 (pectin) を分解して遊離細胞を得，続いて，遊離細胞の細胞壁を構成しているセルロース (cellulose) をセルラーゼ (cellulase) により分解して行われる．このようにペクチナーゼとセルラーゼを段階的に分けて使用する方法を2段階法という．両酵素を混合して一度に処理する方法を1段階法という．1段階法の方が一般に用いられる．プロトプラストの単離でよく用いられるペクチナーゼとしては，マセロチームR10やペクトリアーゼY23がある．酵素活性はペクトリアーゼY23の方がマセロチームR10よりも約100倍高い．セルラーゼとしては，セルラーゼ・オノズカRSやセルラーゼ・オノズカR10が広く用いられ

る．セルラーゼ・オノズカRSは，セルラーゼ・オノズカR10よりも広範な材料に有効であり，酵素活性もセルラーゼ・オノズカR10の約2倍である．プロトプラストの単離過程で，細胞やプロトプラストの破裂を防ぐために，酵素液の浸透圧をマンニトール（mannitol）で0.3〜0.7Mに調整する．

(2) プロトプラストの培養と植物体の再生

プロトプラストの培養は，多くの種で可能になっている．プロトプラストを培養して分裂させるには，プロトプラストの密度が重要で，10^5〜10^6/mLに調整し，植物ホルモンを用いて25〜30℃下で培養する．初期分裂には光を要求しないかむしろ阻害的に働くので，500 lux程度の弱光下で培養する．活性の高いプロトプラストでは早い場合2〜3日で分裂を開始する．プロトプラストの活性は単離される供与体の生理状態に左右される．プロトプラストや単細胞の分裂活性を示すのに，プレーティング効率（plating efficiency；＝コロニー数／培養に供した細胞数×100）が用いられる．

プロトプラストからの再生（regeneration）は，タバコでの成功以来，多くの種で可能になっている．プロトプラストからの個体再生には，プロトプラストからカルスを経ての器官分化とプロトプラストからの不定胚形成による方法がある．カルスを経て再分化する場合には，まず苗条（shoots）形成後，発根させる必要がある．プロトプラストからの再生植物をプロトクローン（protoclone）という．プロトプラストからカルスを経て再生された植物体には，体細胞突然変異（somaclonal variation）がみられることが多く，ときには親品種より優れた形質を示すことがある．したがって，現在では育種の有力な一方法である．

c. 細胞融合

プロトプラストどうしは容易に融合し，この現象を細胞融合（cell fusion）という．細胞融合には対称融合（symmetric fusion）と非対称融合（asymmetric fusion）がある．対称融合とは，両親の核，細胞質が1対1の割合で混ざり合う細胞融合のことであり，非対称融合とは，限定された遺伝子のみを導入することを目的とした融合のことである．融合法には電気的融合法と化学的融合法がある．化学的融合法には，高pH・高Ca法，ポリエチレングリコール（polyethylene glycol；PEG）法，ポリビニールアルコール（polyvinyl alcohol；PVA）法，デキストラン（dextran）法がある．その中でも植物プロトプラスト融合のために開発されたPEG法は動物細胞や微生物プロトプラ

---

embryogenic callusとnon-embryogenic callusが存在する．不定胚は，受精卵からの胚発生と同様に，球状胚（globular embryo），心臓型胚（heart-shaped embryo），魚雷型胚（torpedo-shaped embryo）の各段階を経て，幼根，頂芽，子葉を分化し，その後は正常な植物体へと生育する．一般に継代培養を重ねると再分化能は低下する．non-embryogenic callusはembryogenic callusより増殖が速く，相対的にembryogenic callusが少なくなるためである．

プロトクローンの中から選抜された親品種より優れた形質をもった品種の例

実が赤色のジャガイモ品種「ジャガキッズレッド '90」／実が薄紫色のジャガイモ品種「ジャガキッズパープル '90」／早生で短稈のイネ品種「初夢」／低アミロース含量のイネ品種「あみろ17」／中生短稈で耐倒伏性のイネ品種「はつあかね」，など．

ストの融合にも広く使用されている．電気的融合法には電気パルス（electrical pulse）法がある．

(1) サイブリッド

サイブリッド（cybrid；細胞質雑種）とは，核ゲノムは片親由来で，細胞質が混ざり合った融合細胞や個体のことをいう．葉緑体にはアトラジン（atrazine）という除草剤に耐性の遺伝子が，またミトコンドリアには細胞質雄性不稔遺伝子がコードされている．このように育種上重要な遺伝子をもっている葉緑体やミトコンドリアを，目的とする植物体に導入するときにサイブリッドが作出される．一般的には，X線あるいはγ線を照射することにより核が不活化されたプロトプラストと非照射プロトプラストの融合によって得られる．融合した細胞を効率的に選抜するために，X線（またはγ線）照射と薬剤処理を組み合わせた方法が広く使われる．細胞質供与体のプロトプラストは，X線（またはγ線）照射のため，コロニー形成は妨げられる．他方，細胞質受容体のプロトプラストは細胞融合に先立ち，ヨードアミドまたはヨード酢酸で処理する．これらの薬剤はタンパク質の不活化剤として働き，細胞分裂を阻害する．X線（またはγ線）を照射したプロトプラストと融合したときのみ分裂を開始し，コロニーを形成する．多くの雑種が非対称融合により得られているが，不稔性や形態的に異常を呈するものが多い．そのまま品種として利用するのではなく，むしろ育種素材としての役割を果たしている．プロトプラストをサイトカラシンB処理と遠心の組合せにより脱核すれば，核をもたないサイトプラスト（cytoplast；細胞質体）と核のみをもつカリオプラスト（karyoplast；核体）を得ることができる．この2つをサブプロトプラスト（subprotoplast）という．サイブリッドはサイトプラストとプロトプラストとの融合によっても得られる．カリオプラストとサイトプラストの融合，またはカリオプラストとX線（またはγ線）を照射することにより核が不活化されたプロトプラストとの融合によって核置換することができる．

d. 茎頂培養技術

植物体は細胞分裂を繰り返しながら成長している．細胞分裂能力をもった細胞の集まりを分裂組織という．茎頂（shoot apex）は，ドーム状をした茎頂分裂組織（または成長点）（apical meristem）と葉原基からなる（図3.6）．この茎頂を切り出して培養し，そこから植物体を再生させる方法を茎頂培養（stem tip culture, meristem culture）という．成長点を茎頂から切り出して培養する方法を成長点培養

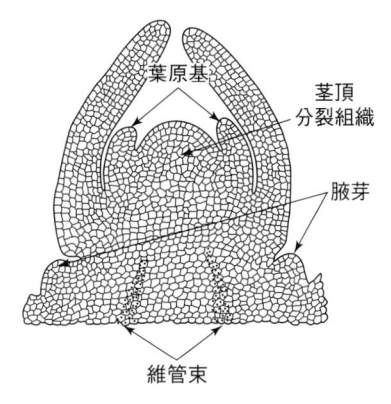

図 3.6 茎頂の構造（大澤 1994）

(apical meristem culture) というが，一般には茎頂培養と成長点培養を同義に使っている．茎頂培養技術は大量増殖（micropropagation）に，成長点培養技術はウイルスフリー植物（virus-free plant）の作出に利用される．

(1) 大量増殖技術

植物組織培養の役割の1つに大量増殖がある．マイクロプロパゲーションともいう．大量増殖技術は，茎頂培養法により行われ，通常，成長点と葉原基がついた状態で培養に供する．大量増殖技術は種子繁殖に時間のかかる樹木や果樹の優良株，栄養繁殖によって生産されている花卉，サツマイモやジャガイモなどの作物に利用されている．茎頂培養由来の栄養繁殖体のことをメリクローン（mericlone）というが，これは meri（meristem）と clone の合成語である．茎頂培養由来の育成苗と株分けや実生由来の苗とを区別するために用いられている．メリクローンは一般にウイルスや病原菌の感染が少ないことから，無病苗の代名詞として用いられることもある．大量増殖法は，大きく分けて，①茎頂培養による大量増殖と，②不定胚形成および不定芽形成による大量増殖の2つの方法がある．前者の場合，多芽体（multiple shoots），プロトコーム様体（protocorm like body），マイクロチューバ（microtuber），苗条原基（shoot primodium）などの誘導法が植物の種類によって工夫されている．多芽体誘導は培養体から多数のシュートが発生し，シュートの塊になったものをいう．遺伝的な安定性は最も高い．カーネーション，イチゴなど多数の作物で多芽体誘導により大量増殖が行われている．プロトコーム様体はランの培養茎頂から形成される球状体で，これから芽が形成される．この球状体はラン科の種子の発芽時に形成する球形の塊体（protocorm）に類似する．マイクロチューバはジャガイモの茎頂を培養し腋芽から小さなイモをたくさんつくる方法で，増殖率はあまり高くないが，遺伝的な安定性

はよい．適用作物には，ジャガイモやヤマイモなどがある．苗条原基は2回／分の傾斜回転培養によって誘導される金平糖状の苗条集塊であり，変異を抑制しうる増殖法である．アスパラガスやメロンなどの大量増殖において利用されている．後者の②の場合，不定胚や不定芽形成は増殖率がよく，材料によっては一度に万〜億単位の植物体を増殖させることができるが，カルスを経由した不定胚や不定芽形成には変異個体の発生がみられるので，大量増殖としての利用にはカルスを経由せずに，直接不定胚や不定芽を誘導する方法がよい．

(2) 茎頂培養によるウイルスフリー株の作出

植物がウイルス病に感染していても，茎の先端の分裂組織（成長点または茎頂分裂組織）にはウイルスがいない．したがって，成長点を切り取って培養すれば，ウイルスのいない（ウイルスフリー）植物体を得ることができる．成長点のみを切り出して培養することは成長点培養と呼ばれ，ウイルスフリー化に用いられている．しかし，実体顕微鏡下で0.1〜0.2 mmのドーム状の分裂組織のみを切り出して培養する必要があり，実際には葉原基を含めた茎頂培養によることが多い．しかしあまり大きく茎頂を切り出して培養すると，無病化は困難となる．ウイルスが植物に感染すると，多くの植物でウイルスは全身に蔓延し，葉は黄化，モザイク症状を呈したり，花は斑入りになったりして，生育の低下，収量の減少を引き起こしたりする．種子繁殖する植物にウイルスが感染したときには多くの場合ウイルスは子孫に伝幡されないので問題はないが，カーネーション，キク，イチゴ，ジャガイモ，チューリップ，ユリ，ランなどのように，親植物の一部を利用して増殖する栄養繁殖の場合にはウイルス病は大きな問題となる．茎頂培養によって作出した植物が本当にウイルスフリーかどうかを調べる方法をウイルス検定という．検定の方法には次のようなものがある．

1) 血清学的方法

血清学的試験（serological test）では，酵素結合抗体法（enzyme-linked immunosorbent assay；ELISA）が多量の試料を同時に扱える方法として広く使用されている．ELISAは酵素を結合させた抗体と抗原を反応させた後，基質を加えて基質中の化合物を抗体と結合した酵素の作用で分解させて発色させる．ELISAには，二重抗体サンドイッチ法（double antibody sandwich method）の直接法と，異種抗体を用いる間接法がある（図3.7）．結合酵素としてはアルカリホスファターゼ（alkaline phosphatase），基質としてパラニトロフェニールホスフェイト（paranitrophenylphophate）が用いられ，酵素によって基質が切断されて黄色を呈する．

(a) 直接二重抗体サンドイッチ法

① ウイルス抗体をプレートに吸着させる
② ウイルス抗原を添加する
③ 酵素結合抗体〔抗体（γ-グロブリン）と酵素（アルカリホスファターゼ）結合体〕を添加する
④ 酵素の基質となる物質（パラニトロフェニールホスフェイト）溶液を添加．基質は酵素の働きで黄色になる

(b) 間接二重抗体サンドイッチ法

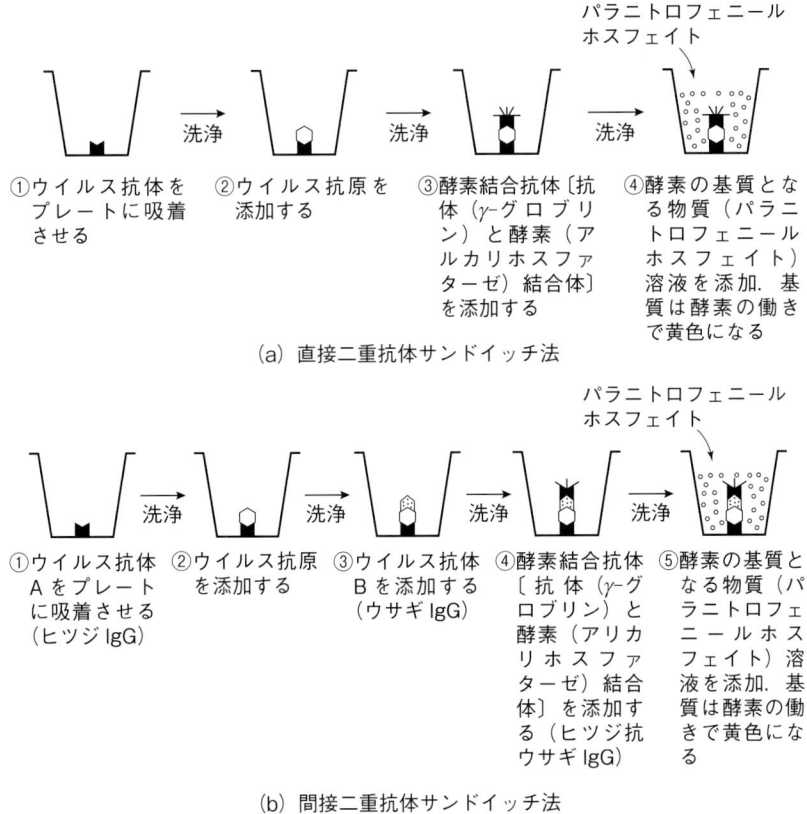

① ウイルス抗体Aをプレートに吸着させる（ヒツジ IgG）
② ウイルス抗原を添加する
③ ウイルス抗体Bを添加する（ウサギ IgG）
④ 酵素結合抗体〔抗体（γ-グロブリン）と酵素（アリカリホスファターゼ）結合体〕を添加する（ヒツジ抗ウサギ IgG）
⑤ 酵素の基質となる物質（パラニトロフェニールホスフェイト）溶液を添加．基質は酵素の働きで黄色になる

図3.7 酵素結合抗体法（池上 1997）

2) 電子顕微鏡観察法

DN法（direct negative staining method）が用いられる．DN法は，カミソリの刃で切った葉の切断面をグリッド上の1〜2%リンタングステン酸の微滴に数秒間浸し，微滴を乾燥後検鏡する．

3) 指標植物（indicator plant）に接種する方法

汁液伝染するウイルスでは，判別しやすい病徴を示す植物（指標植物）に接種する方法．汁液伝染の困難なウイルスでは，媒介昆虫や接ぎ木によって指標植物に接種して判別する．

e. 葯培養と花粉培養

1964年，インド・ニューデリー大学のグハー（Guha）らはアメリカチョウセンアサガオの若いつぼみから葯を取り出して培養したところ，不定胚の分化に成功し，続いて1966年，1967年にはこの不定胚が花粉に起源し，得られた植物体は半数体（haploid）であることを証明した．その後，タバコ，イネをはじめとしてコムギ，ジャガイモなど多くの植物種において葯培養（anther culture）による半数体作出の報告が相次いで行われ，成功例も増加の傾向にある．花粉から

アスパラガスの超雄性株
アスパラガスには雄株と雌株があり，雄株の性染色体組成はXY，雌株の性染色体組成はXXである．アスパラガスの生産性は雄株の方が高いので，得られた種子がすべて雄株になればたいへん有利である．雄株の葯培養によりY染色体をもつ半数体植物を得，それをコルヒチン処理することにより染色体組成がYYの超雄性株を得ることができる．この植物の花粉はすべてY染色体をもつことになり，交配してできた種子はすべて雄株となる．

の植物体の再生には，カルスまたは不定胚経由の2つの方法がある．後者は雄核発生（androgenesis）と呼んでいる．葯培養で用いられる花粉は，四分子期から一核期の段階のものを用いると半数体が得られやすい．葯培養による植物体再生率は，親植物の遺伝子型，生理状態，花粉の発達段階などで異なるが，培養基組成，培養環境，前処理の条件の検討により向上する．

葯の中から取り出した花粉を単独で培養する方法を花粉培養（pollen culture）という．花粉培養による植物体の再生は，イネ，タバコ，アブラナ属植物で報告されている．花粉の単独培養は葯培養に比較して植物体再生率が低いが，高温・低温の前処理や培養法の検討により高頻度での不定胚形成の誘導が可能になっており，タバコ，アブラナ属植物では花粉培養による不定胚の形成が確立されている．アブラナ属植物においては高濃度のショ糖および高温処理が，タバコでは糖飢餓処理が用いられている．

葯や花粉培養によって得られた植物体は半数体であり，このままでは花粉や卵細胞が作られないため，生殖が不可能で種子も形成されない．そこで，茎頂にコルヒチン（colchicine, $C_{22}H_{25}O_6N$）処理をして染色体数を倍加する．半数体は染色体を倍加することにより，ただちに固定系統が得られることから，育種年限の短縮に役立ち，半数体育種法が確立している．コルヒチンはユリ科植物のイヌサフランの種子，球茎から抽出された一種のアルカロイド（alkaloid）である．コルヒチンは核分裂の際，紡錘体の形成を阻止するが，染色体の分裂にはほとんど影響を与えない．分裂した染色体は2つの娘核に分かれることができずそのまま1つの大きな復旧核となる．

f. 胚培養，胚珠培養，子房培養

種子植物は，受精によって次代のもととなる胚（embryo）を形成する．胚は種皮の中にあって発芽の際の養分となる胚乳（endosperm）によって包まれている．遠縁の場合，受精は起こるが，その後胚の生育が停止したり枯死したりする場合が多い．このような場合，幼胚を摘出して培養することにより雑種植物を作出する方法を胚培養（embryo culture）という（図3.8）．遠縁植物間の雑種育種の手段として一般化している．

幼胚の抽出が困難な場合には，胚珠（ovule）そのもの，または胎座（placenta）を付けた胚珠を培養する胚珠培養（ovule culture），子房のまま培養し種子を得る子房培養（ovary culture）がある（図3.8）．花粉管が柱頭上で発芽しなかったり，花粉管が柱頭に侵入しな

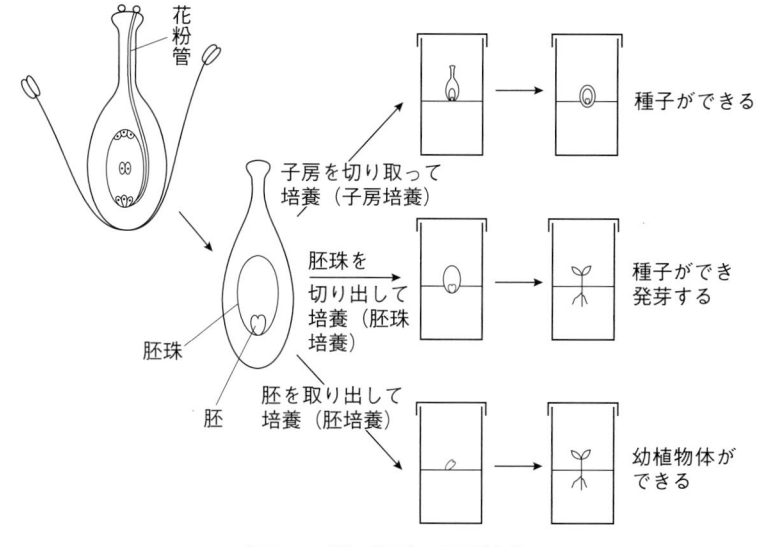

図 3.8　胚，胚珠，子房培養

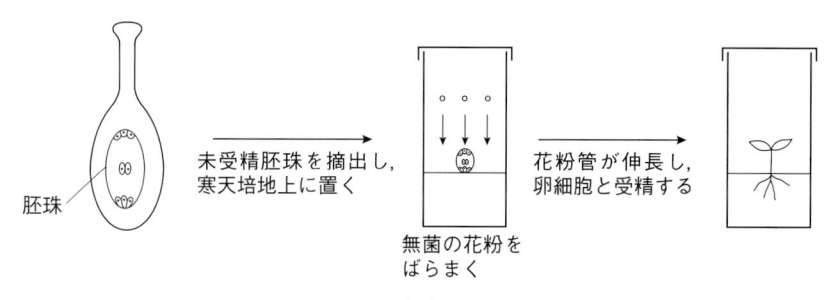

図 3.9　試験管内受精（池上 1997）

かったり，また花粉管の伸長が途中で停止したりする場合には，子房や胚珠を切り取って試験管内で受精させることにより（試験管内受精：test-tube fertilization），個体を得ることができる（図 3.9）．

g. ソマクローン変異体の選抜

カルスからの再分化植物はカリクローン（calliclone），プロトプラスト由来の再分化植物をプロトクローン（protoclone）という．また両者をまとめてソマクローン（somaclone）という．ソマクローンはソマ（体細胞：somatic cell）とクローン（clone）の合成語である．培養によって再生した植物に生じる変異をソマクローン変異（somaclonal variation；体細胞変異ともいう）という．この変異を利用して農業上重要な変異体が作出されている．1973 年，カールソン（Carlson）は野火病菌毒素の類似物質，メチオニン・スルフォキシミンを添加した培地で，タバコの半数体から分離したプロトプラストを培養して野火病耐性タバコを作出した．この研究を契機にして，細胞・プロトプラスト培養の過程で生じた突然変異細胞に病原菌の毒素など

胚培養で作出され，商品化された植物の例

ハクサイ＋キャベツ→ハクラン「岐阜グリーン」／キャベツ＋小松菜→千宝菜 1 号・2 号／「宮川早生」＋「トロビタ・オレンジ」→柑橘「清見（きよみ）」／「上田温州」＋「ハッサク」→柑橘「スイートスプリング」／「三保早生」＋「クレメンティン」→柑橘「南香」／「錦」＋「Fortuna」→モモ「アーリーゴールド」／「興津」＋「NJN-17」→ネクタリン「ヒラツカレッド」／「カノコユリ」＋「サクユリ」→ユリ「パシフィックハイブリッド」／「テッポウユリ」＋「スカシユリ」→ユリ「ロートホルン」／「アカカノコユリ」＋「ヒメサユリ」→ユリ「スイートメモリー」／「プリンス・ルパート」4 倍体＋「ストロベリー・サンデー」→ベゴニューム「ミント・ドリーム」／「マダム・レイアル」＋「グランドスラム」→ベゴニューム「カプリ・フェスタブル」，など．

ソマクローン変異を利用して作出された作物の例
　斑点病耐性カラスムギ，コムギ，サトウキビ／ゴマ葉枯病耐性イネ，トウモロコシ／萎ちょう病耐性トマト，アルファルファ／アカカビ病耐性オオムギ／赤星病耐性タバコ／黒斑病耐性ナタネ／根朽病耐性ナタネ／疫病耐性バレイショ，など．

のストレス（stress，選択圧）を与え，生き残った細胞から植物体を再生して目的のストレス耐性植物が作出された．たとえ一形質がすぐれ他の形質において好ましくない形質がみられても，他植物との交雑により育種に用いることが可能である．なお農業重要な形質，たとえば収量，品質などについては，細胞レベルでの選抜できず，再生植物体を用いた選抜となる．

h. 順　　化

　培養容器の中で育てた植物を，そのまま外に出し普通の苗と同じように育てようとしても，枯死してしまうことが多い．これは，低温，乾燥など，培養容器の中の環境条件と器外の環境条件とがあまりにも違いすぎて，植物体が変化に対応できないからである．そこで，器外の環境条件でも生育できるように，少しずつならしていく順化（acclimatization；馴化（acclimation）とも書く）が必要となる．培養植物の順化の方法を次に記す．

(1) 温　度

　培養容器の中は25℃くらいで一定であるが，器外では5〜40℃くらいの変化が予想される．20〜25℃で2週間くらい，その後は15〜30℃で2週間くらいならす．

(2) 湿　度

　培養容器の中の湿度はほぼ100%であるが，器外では極端な乾燥も考えられる．灌水後トンネルやビーカーなどで密封し，水蒸気を外に出さないようにする．湿度70〜90%で2週間くらい，その後50〜60%で2週間くらいならす．

(3) 光

　培養容器で育成された植物の葉は，葉肉が薄く，葉の表面のクチクラ層が発達していないので，太陽光のような強い光や乾燥に耐えられる構造になっていない．太陽光を黒の寒冷紗を使って遮光する．遮光率80〜90%で1週間くらい，その後50〜70%で3週間くらいならす．

(4) 雑　菌

　培養容器内は無菌であるが，器外には多くの雑菌がいる．移植のときに根に少しでも寒天がついていると雑菌が繁殖してしまうので，水でよく洗い流す．できれば，育苗に使う用土も殺菌しておく．

(5) 栄養分

　培養器の中は栄養分が十分であるが，培養容器で育成された植物の根の発達は悪く，養分の吸収力が弱いので，用土に肥料分が多すぎると害になる．

(6) 順化の難易度

作物によって順化に難易度がある．カーネーション，イチゴ，ラン，サツマイモ，サトイモ，タバコなどは比較的容易で，アスパラガス，ネギ，ニンジン，ラッキョウ，ピーマンなどは難しい．

3.2 植物細胞への遺伝子導入

a. 土壌細菌 *Agrobacterium tumefaciens* の Ti プラスミドを用いた植物の形質転換

(1) *Agrobacterium tumefaciens* の Ti プラスミドとそれによる腫瘍形成の分子機構

植物の遺伝子導入ベクターとして最もよく利用されているのが，*Agrobacterium tumefaciens*（以後アグロバクテリウムとよぶ．近年 *Rhizobium radiobacter* という学名があてられている：側注参照）の Ti プラスミドである（側注参照）．アグロバクテリウムはグラム陰性の土壌病原菌で，双子葉植物に感染すると，菌がもっているプラスミドの一部（T-DNA という）が宿主植物細胞の染色体 DNA の中に組み込まれて，クラウンゴール（crown gall）と呼ばれる腫瘍を形成する（図 3.10）．このように，このプラスミドは"腫瘍を誘導する（tumor inducing）"ことから tumor inducing の頭文字を取って Ti プラスミドという．アグロバクテリウムが植物に感染すると，植物の合成するアセトシリンゴン（acetosyringone）などのフェノール化合物（phenolic compounds）が細菌の内膜にある VirA タンパク質に作用する．フェノール化合物によるシグナルが VirA タンパク質から VirG タンパク質に伝達され，VirG タンパク質の機能を介して他の *vir* 遺伝子の発

Agrobacterium tumefaciens と *Rhizobium radiobacter*
　細菌分類学の初期においては，動植物に対する病原性や有用物質の生産性といった人間生活にとって重要な少数の表現形質が分類指標として取り上げられ，それにもとづいて属や種が定義・命名されていた（人為分類）．しかし近年，細菌の生理・生化学，遺伝学あるいは分子生物学的研究が進むにつれて，その成果が分類や同定のための指標に用いられるようになってきた（自然分類・系統分類）．*Agrobacterium tumefaciens* は根頭がん腫病の病原菌につけられた学名であったが，現在この細菌は分子系統学的解析の結果を受けて *Rhizobium* 属に分類され，*Rhizobium radiobacter* と命名し直されている．しかしながらバイオテクノロジーの分野では伝統的に *Agrobacterium tumefaciens* の学名が広く認知されてきたことから，今日でもこの名称がしばしば使用されている．

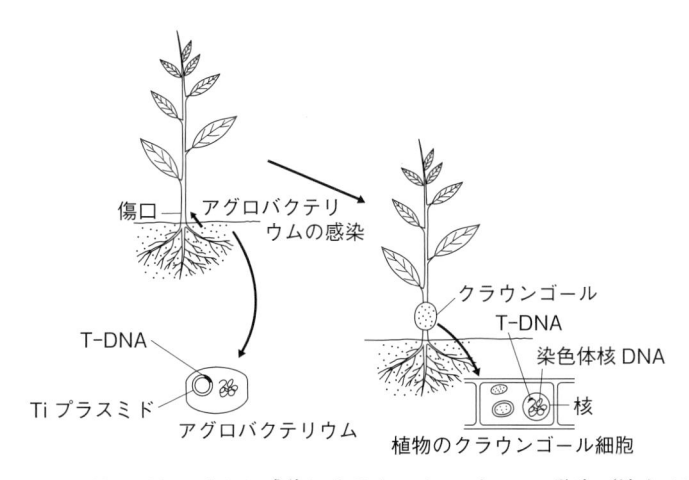

図 3.10　アグロバクテリウム感染によるクラウンゴールの発生（池上 1997）

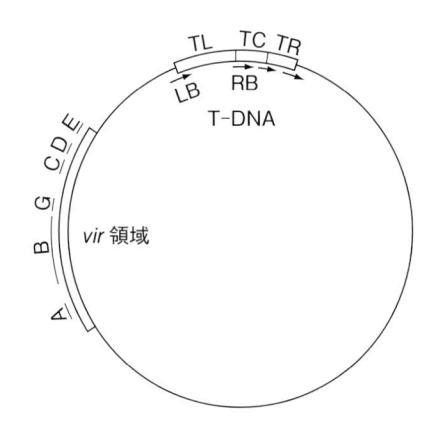

図 3.11 オクトピン型 Ti プラスミドの遺伝子地図
矢印は 25 塩基対の境界配列を示す.

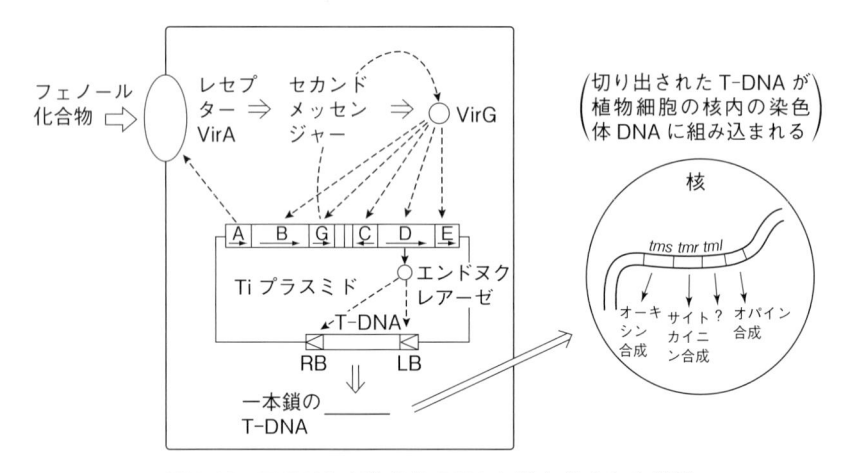

図 3.12 T-DNA が染色体 DNA に取り込まれる機構

現を誘導する．発現した VirD タンパク質の働きにより，この細菌がもっている，約 200 kbp（キロ塩基対）の Ti プラスミドのうちの約 10% にあたる T-DNA (transferred DNA) が切り出され，植物細胞へ移動し，最終的に植物ゲノムに組み込まれてクラウンゴールを形成する（図 3.11, 図 3.12）．VirD タンパク質はエンドヌクレアーゼ活性をもち，T-DNA の両端にある 25 塩基対からなる同一方向性の反復配列（境界配列という）を認識して，Ti プラスミドから T-DNA を切り出す．クラウンゴール組織には通常の植物組織には見られないオパイン (opine) と総称されるアミノ酸類縁体が存在し，その代表的なものにオクトピン (octopine) とノパリン (noparine) がある．Ti プラスミドは，それが生産するオパインの種類によってオクトピン型 Ti プラスミド (octopine-type Ti plasmid) およびノパリン型プラスミド (nopaline-type Ti plasmid) という．植物はオパインを利用することができないので，アグロバクバクテリウムは優先的に

オパインを窒素，炭酸源として利用する．図3.11にオクトピン型Tiプラスミドの遺伝子地図を示した．T-DNA上にはTL（約13,000塩基対）とTR（約7,000塩基対）の2つの領域が存在し，TL上には植物ホルモン合成酵素遺伝子（*tms*1, *tms*2, *tmr*：これらはしばしば *onc* 遺伝子と呼ばれている）とオクトピン合成酵素遺伝子（octopine synthase gene；*ocs* 遺伝子）が存在する．TLとTRはそれぞれ独立に植物染色体に組み込まれるが，クラウンゴール形成に関与しているのはTLの部分である．*tms*1と*tms*2遺伝子はトリプトファンからオーキシンを合成する酵素の遺伝子，*tmr* 遺伝子はAMPからサイトカイニンを合成する酵素の遺伝子である．したがって，これらの遺伝子の働きにより植物細胞は腫瘍化する．TL上にはそのほか *tml* 遺伝子が存在するが，その機能については不明である．オクトピン合成酵素遺伝子は腫瘍形成には関係しない．T-DNA上の遺伝子は真核生物型のプロモーターをもっており，植物染色体の中に組み込まれて初めて発現することを示している．

Tiプラスミド上には，T領域以外に約35 kbからなる *vir*（virulence）領域が存在し，この領域はT-DNAが植物ゲノムに組み込まれるのに必須である（図3.12）．*vir* 領域には *virA, virB, virC, virD, virE, virG* の少なくとも6つの転写単位があり，それぞれに1つ以上の遺伝子が存在する．*virA* 以外の発現は植物内に存在するアセトシリンゴンなどのフェノール物質により誘導される．virAタンパク質はこのようなシグナル物質のレセプター（receptor）であり，その情報はVirGタンパク質を活性化する．活性化されたVirGタンパク質は，RNAポリメラーゼによる *vir* 遺伝子群の転写を誘導する．*virD* 領域には，4つのORF（open reading frame）*D1, D2, D3, D4* が存在する．VirD1タンパク質とVirD2タンパク質の共同の働きにより，TiプラスミドのT-DNAより一本鎖T-DNAが出現する．T-DNAの植物細胞への移動は一本鎖DNAの状態であると考えられており，VirD2タンパク質には真核生物の細胞核に入るための核シグナルが存在するため，T-DNAの細胞核への移行にはVirD2タンパク質が関与していると考えられている．

b. Tiプラスミドベクター

TiプラスミドのT-DNAを外来遺伝子に置換すれば，アグロバクテリウムの機能を利用して植物染色体DNAへ外来遺伝子を導入することができる．しかし，Tiプラスミドは巨大なため，通常の試験管内での組換えDNA操作によって，外来遺伝子を直接T-DNAと置換

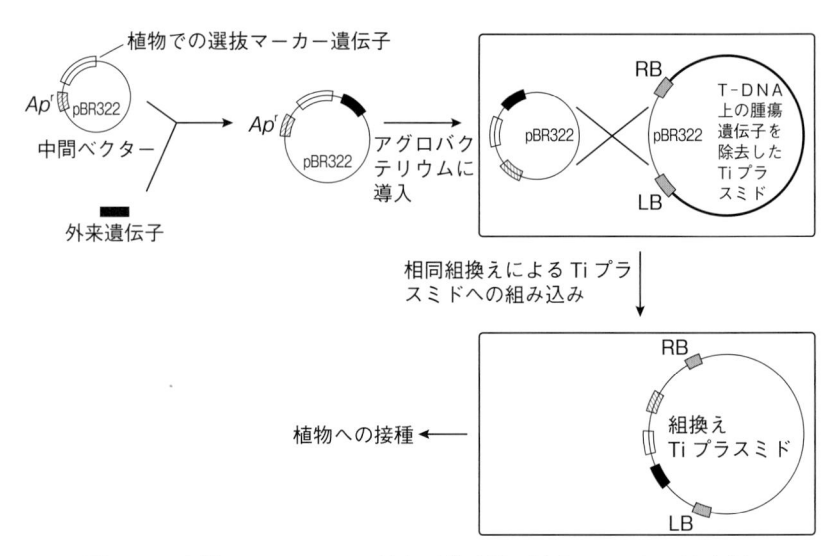

図3.13 中間ベクターによる遺伝子導入法（池上 1997 を一部改変）
RB, LB は 25 塩基対の境界配列.

することはできない．そこで，中間ベクター法とバイナリーベクター法が開発された．

(1) 中間ベクター法

中間ベクター (co-integrative vector) を用いて外来遺伝子をアグロバクテリウムへ導入する方法を図3.13に示した．この方法では，Ti プラスミドの *onc* 遺伝子を除去し，その代わりに pBR322 系プラスミドを左右の 25 bp からなる境界配列の間に挿入した Ti プラスミドをもったアグロバクテリウムを用いる．中間ベクターとは，形質転換植物を選抜するための遺伝子（選抜マーカー遺伝子）をもった pBR322 系プラスミドをいう．選抜マーカー遺伝子にはカナマイシン耐性遺伝子 (kanamaycin resistant gene, Km^r) がよく用いられる．外来遺伝子を中間ベクターと連結して大腸菌に導入する．その後，大腸菌とアグロバクテリウムの接合により，外来遺伝子が組み込まれた中間ベクタープラスミドをアグロバクテリウムに導入する．移入された中間ベクターは，pBR322 系プラスミド配列との相同領域間の組換えにより，Ti プラスミドの LB と RB の間に組み込まれる．このような組換えプラスミドをもったアグロバクテリウムを植物に接種すれば，外来遺伝子が植物染色体 DNA に組み込まれる．

(2) バイナリーベクター法

T-DNA の植物染色体 DNA への組み込みと腫瘍化には，T-DNA と Ti プラスミド上にある *vir* 領域が必要であるが，これらはアグロバクテリウム中で共存できる 2 つのプラスミドに分けることができる．T-DNA の左右境界領域に，目的とする遺伝子を組み込んだベク

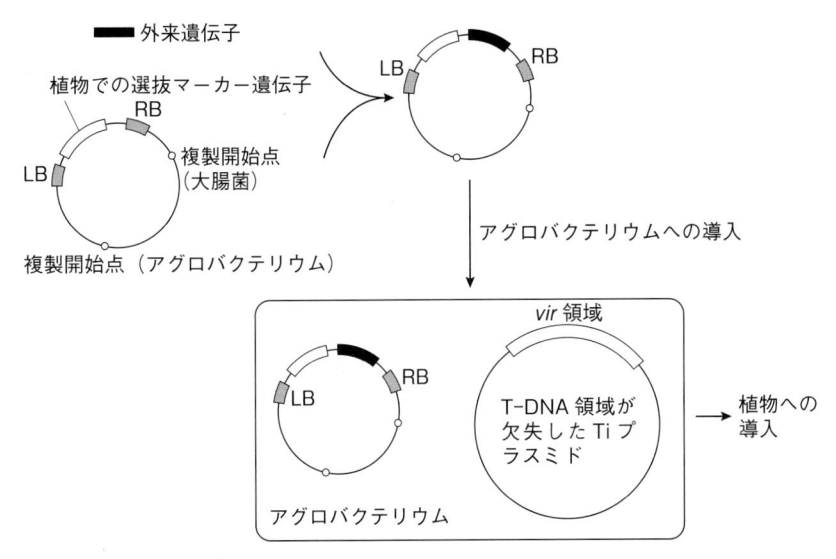

図 3.14 バイナリーベクターによる遺伝子導入法（池上 1997）
RB, LB は 25 塩基対の境界配列.

ターは，大腸菌とアグロバクテリウムの両方の複製開始点をもっているので両方の菌で複製することができる．このベクターは，その他，植物での選抜マーカー遺伝子（カナマイシン耐性遺伝子がよく用いられる）をもっている．一方，外来遺伝子の植物ゲノムへの移行と組み込みに必要な *vir* 領域は，別なプラスミド上に存在する．

操作は次のように行う（図 3.14）．外来遺伝子が組み込まれたベクターを大腸菌の中で増幅し，これを *vir* 領域をもったアグロバクテリウムに導入する．このような 2 つのプラスミドをもったアグロバクテリウムを植物に接種すれば，外来遺伝子が植物染色体 DNA に組み込まれる．

c. 植物細胞への遺伝子導入と形質転換植物の育成

アグロバクテリウムを植物細胞に感染させる方法として，葉の断片（リーフディスク：leaf disc）に感染させ，薬剤耐性のスクリーニングと植物体再分化を同時に行う方法（リーフディスク法：leaf disc method）と，植物のプロトプラストや培養細胞をアグロバクテリウムとともに培養して感染させる方法とがある．

(1) リーフディスク法（図 3.15）

現在最も頻繁に使用されている方法である．容易に直接，多数の形質転換体を得ることができること，プロトプラストを得ることが困難な植物にも使うことができるなどの利点がある．次亜塩素酸ソーダで滅菌した葉をコルクボイラーでディスクに切りぬく．一夜培養したアグロバクテリウム培養液にリーフディスクを入れて感染させ

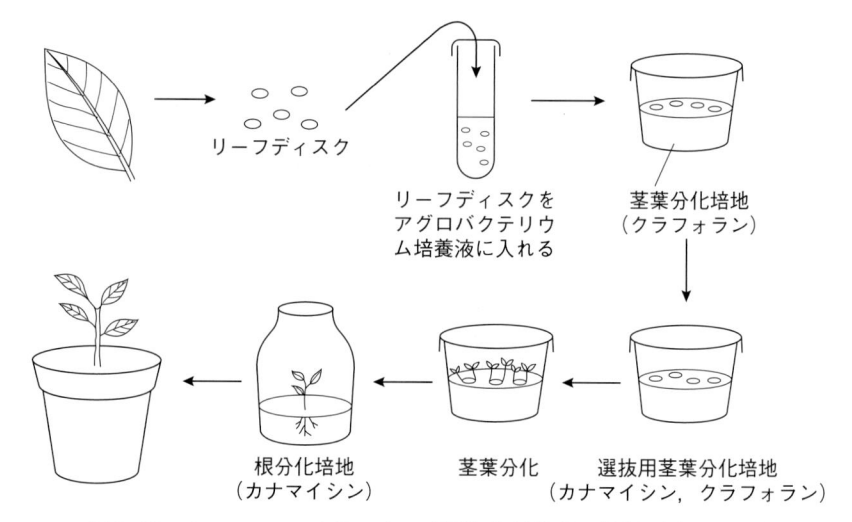

図 3.15 リーフディスク法による形質転換植物体の作製（池上 1997）

る．続いてアグロバクテリウム除去のために抗生物質（クラフォラン（claforan）やカルベニシリン（carbenicillin））と形質転換植物の選抜のための抗生物質（カナマイシン）を含んだ寒天培地に移し培養を続けると，リーフディスク周辺から茎葉が形成される．次いで，茎葉部をカナマイシンを含む根分化培地に移し培養すると，発根したカナマイシン耐性植物体を得ることができる．その後，PCR 法やサザンハイブリダイゼーション法により外来遺伝子の存在を確認する．

(2) **プロトプラスト共存培養法**（protoplast co-culture method）

この方法はプロトプラストの分離とプロトプラストから植物への再生が確立している植物にだけ使用することができる．プロトプラストが細胞壁を再生し，細胞分裂が開始した時点でアグロバクテリウムを加え，室温で静置する．その後アグロバクテリウムを除去し，細胞を新しい培地に移して培養する．この方法では一度に大量の独立した形質転換体を得られる利点がある．形質転換率は条件によって異なるが，0.1% から 1% である．

(3) **培養細胞への直接接種法**

細胞培養液とアグロバクテリウムを 48 時間共存培養する．培養後軟寒天培地とともにシャーレにまき培養して，植物体を再生させる．この方法では 1〜10% の細胞を形質転換することができる．

d. イネの形質転換

単子葉植物はアグロバクテリウムの宿主ではなく，また，感染効率が非常に低いが，アセトシリンゴンを使用することによりアグロバクテリウムによるイネの形質転換が可能になった．アグロバクテリウム

は植物細胞に感染したときに，植物細胞からのフェノール系化合物（アセトシリンゴンもその1つ）を感知して vir 領域の遺伝子群の発現が開始する（3.2節の a. 参照）．イネなどの単子葉植物はアセトシリンゴンをつくらないが，アグロバクテリウムにアセトシリンゴンを与えて感染を誘導すると，イネの形質転換が可能になる．

e. 植物への直接遺伝子導入法

アグロバクテリウムによる形質転換法には宿主範囲による制約があり，この欠点を補うために開発されてきた技術が直接遺伝子導入法である．

(1) パーティクルガン法

パーティクルガン（particle gun）とは，DNA 分子を塗りつけた金属粒子あるいはタングステン粒子（ともに直径 1 μm 程度）を音速以上のスピードで植物細胞に撃ち込み，細胞壁・細胞膜を突き破って細胞の核の中に遺伝子を導入する装置のことで，遺伝子銃ともいう．この装置を使った遺伝子導入法をパーティクルガン法という．金粒子が飛び込むと細胞壁や細胞膜は破れるが，細胞膜は一種の油膜なのですぐに修復され穴が閉じる．他方細胞壁は簡単には修復されないが，それほど大きな傷は与えない．核の中に飛び込んだ粒子表面の DNA は核内の液体に溶け出して mRNA を転写し，この mRNA は細胞質に移ってタンパク質を翻訳する．パーティクルガン法により，これまでに培養細胞，葉，根，茎，茎頂，花粉など，単子葉植物，双子葉植物を問わず，あらゆる組織の細胞に遺伝子導入でき，その発現が確認されている．金属粒子が入った細胞は，細胞分裂に伴ってその数はどんどん減っていく．しかし，金属粒子から溶け出した DNA は条件が整うと核の染色体 DNA に組み込まれてその一部となり，核分裂，細胞分裂過程で次々と子孫の細胞に遺伝子が伝えられる．このようにして導入した遺伝子をもつ細胞塊が形成され，さらにこの細胞塊から形質転換植物を再生することができる．

(2) ポリエチレングリコール法

ポリエチレングリコール（polyethylene glycol；PEG）法はプロトプラスト融合剤として見いだされたが，その後高分子化合物をエンドサイトーシス（endocytosis）様の機構で細胞内に取り込む効果があることがわかり，遺伝子の導入に使用されるようになった．PEG のほか，ポリビニールアルコール（polyvinyl alcohol；PVA）やポリ-L-オルニチン（poly-L-ornithine；PO）もプロトプラストを用いた遺伝子導入に使用される．

(3) エレクトロポレーション法

エレクトロポレーション（electroporation）法は電気パルスによりプロトプラストにDNAを導入する方法である．電気パルスにより生体膜が一過的，部分的に誘電破壊され，膜孔（electropore）を生じ，その穴からDNAが取り込まれる．膜孔は瞬間的にあくと考えられるが，細胞膜の性質によりすぐに閉じる．この方法では一度に多くのDNAをプロトプラスト内に導入できるが，そのほとんどは細胞内で分解され，核ゲノムに組み込まれるDNAはほんのわずかである．

(4) 一過的遺伝子発現

パーティクルガン法やエレクトロポレーション法で導入した遺伝子は，導入されたプロトプラストや細胞でまず発現する．この場合，導入された遺伝子は時間とともに分解酵素により分解されるので，この発現は一過的なものである．これを一過的遺伝子発現（transient gene expression）という．プロトプラストや細胞に導入した遺伝子はゲノムには組み込まれないものの，一過的に（通常1～2日），非常に効率よく遺伝子発現することを利用した遺伝子発現の解析方法をトランジェントアッセイ（transient assay）という．

(5) レポーター遺伝子

レポーター遺伝子は，その遺伝子の発現を定量的または組織化学的に測定する目的で用いられる遺伝子である．したがって，発現が簡単に確認できる遺伝子でなければならない．以下に植物細胞によく使用されるレポーター遺伝子を挙げた．

1) GUS遺伝子

β-グルクロニドを加水分解する酵素β-グルクロニダーゼ（β-glucuronidase；GUS）をコードする遺伝子（*gus*）である．組織化学的検定には，基質として5-ブロモ-4-クロロ-3-インドリル-β-グルクロニド（5-bromo-4-chloro-3-indolyl-β-glucuronide；略称 X-gluc）を用いる．この基質はGUSにより加水分解を受けインジゴチンの青色を呈する．この色素は水に難溶で組織に沈着し発現部位の観察が可能になる．定量的検定には基質として4-メチルウンベリフェリル-β-グルクロニド（4-methylumbelliferyl-β-glucuronide；4-MUG）を細胞抽出液に加え，GUSの酵素活性による産物を蛍光により検出する．

2) LUC遺伝子

ホタル由来の酵素ルシフェラーゼ（luciferase；LUC）をコードする遺伝子（*luc*）である．この遺伝子を発現している細胞にATPとルシフェリンを基質として加えると，560 nmの燐光を発する．細胞抽出液のみならず，生きた細胞を用いても遺伝子発現を解析することが

できる．細胞抽出液を用いた遺伝子発現の解析にはルミノメーター，組織化学的解析にはフォトンカウンターが必要である．GUSやCATよりも高感度な遺伝子発現の検出が可能である．

3） GFP遺伝子

発光クラゲ由来の緑色蛍光タンパク質（green fluorescent protein；GFP）をコードする遺伝子（gfp）である．このタンパク質は238アミノ酸からなり，68番目のセリン，66番目のチロシン，67番目のグリシンが細胞内で環状化，酸化されることで発色団を形成し，遺伝子産物そのものが励起光照射によって発光する．通常用いられる励起光は紫外光（396 nm）で，緑色光（508 nm）を発光する．遺伝子産物の細胞内局在を調べるときによく利用される．遺伝子とGFP遺伝子との融合遺伝子を作製して細胞に導入し，翻訳される融合タンパク質の局在を調べることにより解析する．

4） CAT遺伝子

トランスポゾンTn9由来のクロラムフェニコールアセチルトランスフェラーゼ（chloramphenicol acetyltransferase；CAT）をコードする遺伝子（cat）で，抗生物質であるクロラムフェニコールをジアセチル化して不活化する働きをもつ．CATの測定は^{14}C，^{3}H，あるいは蛍光物質でラベルしたクロラムフェニコールとアセチル-CoAを基質として細胞抽出液に加え，反応後薄層クロマトグラフィーでアセチル化体の生成を調べる．

(6) 選抜マーカー遺伝子

選抜マーカー遺伝子は，形質転換細胞を効率よく選抜するためのものであり，通常は遺伝子導入した培養細胞，組織を育成するための培地に添加した抗生物質を解毒する遺伝子が用いられる．

1） ネオマイシンホスフォトランスフェラーゼ遺伝子

ネオマイシンホスフォトランスフェラーゼ遺伝子はトランスポゾンTn5由来のネオマイシンホスフォトランスフェラーゼ（neomycin phosphotransferase II；NPT II）をコードする遺伝子（npt II）である．NPT IIはネオマイシン，カナマイシン，ジェネティシンなどのアミノグリコシド系抗生物質をリン酸化して不活化する．

2） ハイグロマイシンホスフォトランスフェラーゼ遺伝子

ハイグロマイシンホスフォトランスフェラーゼ遺伝子は大腸菌株W677中のプラスミドpJR225由来のハイグロマイシンホスフォトランスフェラーゼ（hygromycin phosphotransferase；HPTまたはHPH）をコードする遺伝子（hpt）である．HPTはネオマイシン系抗生物質をリン酸化して不活化する．

3.3 形質転換植物

a. 耐虫性植物

1901年，石渡はカイコが突然死ぬ卒倒病の研究を行い，その病原菌を発見した．その後ドイツで同じような菌が発見され，発見地のチューリンジェンにちなみ，*Bacillus thuringiens*（Bt菌）と命名された．Bt菌はおもに土壌の中や表面に生息するグラム陽性の連鎖状の桿菌である．Bt菌は胞子ができる頃，細胞内に二重ピラミッド構造をとる殺虫性の結晶タンパク質（crystal protein；CP）のδ-エンドトキシン（Endotoxin）を生産する．δ-エンドトキシンはチョウ目，ハエ目，コウチュウ目に殺虫性を示し，その殺虫スペクトルから5つのグループに分類され，これらのグループはCryI, II, III, IV, Vと呼ばれている．

このBt菌が生産する毒素は，アメリカで1965年から殺虫剤として販売されているが，わが国においても1982年から農薬として販売されている．農薬としての人体および環境に対する安全性も十分に確認されており，微生物農薬として世界中で広く利用されている．このタンパク質は害虫に食下され，害虫の消化液中でアルカリ分解ならびに酵素分解されて初めて殺虫性を示す．すなわち，害虫が結晶性をもったBt菌を食べ，腸のアルカリ性の消化液で消化すると，δ-エンドトキシンの部分分解が起こり，結晶体は130 kDaのタンパク質であるが，消化されたタンパク質は60 kDaほどの低分子の毒性タンパク質（toxin protein）になる．やがて毒性タンパク質は中腸の細胞表面に達する．害虫中腸細胞には毒性タンパク質が結合する場所（レセプターという）があり，そこに結合すると毒性タンパク質の一部と細胞膜の一部が作用し合い，毒性タンパク質の一部が細胞膜に陥入し孔ができる．これによって細胞内外でのH^+, Na^+, K^+などのイオンの出入りが異常になり，害虫は死ぬ．植物体には非常に高濃度のK^+が含まれているため，植物を食べている害虫が細胞内のイオン濃度を調節できなくなることは致命的である．一方，Bt菌のδ-エンドトキシンは魚類，家畜，ヒト，植物には無害である．これは昆虫以外の生物の腸内にレセプターがないこと，および胃の消化液が酸性のため60 kDa以下の低分子に消化され殺虫性を失うことによる．

今までに植物に導入されたBtトキシンは，いずれも葉や茎を捕食するチョウ目，コウチュウ目の害虫に殺虫性を示すδ-エンドトキシンであり，CryIA(b), CryIA(c), CryIIIAが多い．当初，CryIA(b)遺

伝子を導入した形質転換植物では，期待していたほどの十分なBtトキシン発現量を得ることができなかったが，Btトキシン遺伝子を植物中で発現しやすいように改変することにより十分な発現量を得ることができた．1990年，パーラック（Perlak）らはCryIA(b)，CryIA(c)の遺伝子を，アミノ酸配列を変化させずにコドンを双子葉植物中で発現しやすいように改変し，強力なカリフラワーモザイクウイルス（cauliflower mosaic virus；CaMV）35Sプロモーターにつないで，ワタに導入してチョウ目害虫に対して実用レベルの強い耐性の形質転換ワタを作出した．さらに，CryIA(b)の遺伝子を改変し，トウモロコシに直接遺伝子導入法によりヨーロッパアワノメイガ耐性トウモロコシを作出した．Btトキシン導入形質転換ジャガイモ，ワタ，トウモロコシは商業的に利用されている．

b. ウイルス病耐性植物

植物ウイルスには棒状，ひも状，球形などいろいろな粒子形態のものが存在するが，その構成成分はすべて同じで，DNAあるいはRNAのいずれか1種類の核酸とそれを包むように被っているタンパク質（これを外被タンパク質あるいはコートタンパク質という）からなる．農作物にウイルスが感染するとモザイク症状（mosaic）や奇形を呈し，甚大な被害となる．しかし，植物に先に侵入したウイルス（これを一次ウイルスという）が，後から侵入する同種のウイルス（これを二次ウイルスという）の増殖または病徴発現を抑制する現象が知られている．これをクロスプロテクション（cross protectionまたはinterference）という．この現象を利用したのが弱毒ウイルスによるウイルス防除法である．現在，タバコモザイクウイルス（tobacco mosaic virus；TMV）の弱毒ウイルスによってトマトのTMVによるモザイク病を，キュウリ緑斑モザイクウイルス（cucumber green mottle mosaic virus）-スイカ系の弱毒ウイルスによってメロンのモザイク病を，またシトラストリステザウイルス（citrus tristeza virus）の弱毒ウイルスによって柑橘のシトラストリステザウイルスによる病気の防除が行われている．クロスプロテクションの分子機構については長い間不明であったが，現在では2つのウイルス間に相同な配列があるので，一次ウイルスに対して起こる転写後型ジーンサイレンシングによって二次ウイルスの感染も阻害されると考えられている．

1986年，エイベル（Abel）らは，TMVの外被タンパク質遺伝子の二本鎖cDNAを，Tiプラスミドを用いてタバコの染色体DNAに導入し，それを発現させることによって，TMV抵抗性のタバコを作

カリフラワーモザイクウイルス
二本鎖環状DNA（約8,000塩基対）をゲノムとする植物ウイルス．CaMVは7つの遺伝子をもつ．CaMV DNAから2種類のmRNA（35S，19S）が転写され，5'末端上流のプロモーターをそれぞれ35Sプロモーターと19Sプロモーターという．

ヨーロッパアワノメイガ
トウモロコシの世界最大の生産国はアメリカで，全世界の生産量の約2分の1が生産され，アメリカの重要な農作物の1つである．生産量の半分以上は家畜飼料，デンプンとして利用されるデントコーン種（多用途トウモロコシ）であり，スイートコーンやポップコーンはほんの一部にすぎない．このトウモロコシの主要害虫の1つにヨーロッパアワノメイガがある．アメリカでは年間あたり平均で収穫量の5％がこの害虫により失われ，金額にして約1800億円相当分の損失があるという．Btトキシン導入形質転換トウモロコシ品種を栽培した場合には，96％という高い防除効果が認められている．

転写後型ジーンサイレンシング
転写後型ジーンサイレンシング（post-transcriptional gene silencing；PTGS）はペチュニアの形質転換体を作出する過程で偶然発見された．アントシアニン合成経路のキー酵素である*chs*遺伝子（カルコン合成酵素遺伝子）のペチュニア由来のcDNA

を，chs が正常に発現している紫の花色をもつペチュニアに導入したところ，花色の紫色が濃くなるとの予想に反して，白色の花を咲かせる系統が高頻度で出現した．白色の部分では，内在・外来両 chs 遺伝子の発現が抑制されていることから，この現象はコサプレッション（cosuppression）と名付けられた．その後，この現象は chs 遺伝子から mRNA が大量に転写されたため，chs 遺伝子 mRNA が特異的に分解されたためであることがわかり，PTGS と名付けられた．PTGS は，植物が生来もっているウイルスに対する抵抗性反応の1つである．すなわち，植物がウイルスに感染すると，ウイルス RNA が大量に作られるので，植物はその RNA を特異的に分解しようとする．

PVY の外被タンパク質（CP）遺伝子導入タバコの抵抗性獲得機構

PVY CP 遺伝子を導入したタバコでは，40% の形質転換タバコが PVY 抵抗性を獲得したが，さらに，翻訳開始コドン直後に終止コドンをもち，転写は正常に行われる非翻訳センス遺伝子を導入したタバコでも，強い抵抗性を示し，抵抗性固体の頻度も 60% に増加した．このことは，CP 遺伝子由来のタンパク質が PVY 抵抗性を引き起こしていないことを示している．

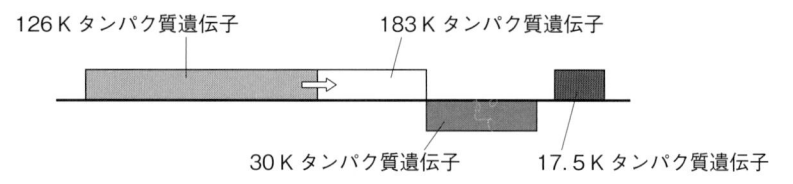

図 3.16 TMV RNA の遺伝子地図

183 K タンパク質は 126 K タンパク質のリードスルーによって合成される．30 K タンパク質はウイルスの細胞間移行に必要な移行タンパク質，17.5 K タンパク質遺伝子は外被タンパク質遺伝子である．

出することに成功した（図 3.16 参照）．形質転換タバコ内で外被タンパク質遺伝子を発現させるためのプロモーターには CaMV の 35S プロモーターを，またターミネーター（terminator）にはノパリン合成酵素遺伝子のターミネーターが用いられた．このようにして作出した形質転換タバコ体内には，TMV 外被タンパク質遺伝子の転写産物および翻訳産物を検出することができ，また核 DNA の中に 1 核あたり 1 ないし 10 以上の TMV 外被タンパク質遺伝子が存在する．形質転換タバコの種子から発芽した苗に TMV を接種したところ，モザイク病徴を示さず，また病徴を示したタバコでも，正常植物に比べると病徴の発現の遅延がみられる．その後，外被タンパク質遺伝子の組み込みによる抵抗性形質転換植物の作出技術は，さまざまな植物ウイルスに応用されている．商業栽培されているものとしては，パパイア輪点ウイルス抵抗性を付与され，アメリカハワイ州などで栽培されているパパイア，ジャガイモ Y ウイルス（potato virus Y；PVY）に対する抵抗性が付与されたジャガイモ，カボチャモザイクウイルス，ズッキーニ黄斑モザイクウイルスおよびキュウリモザイクウイルスに対する抵抗性を付与されたカボチャがある．また，外被タンパク質遺伝子以外で，ジャガイモ葉巻ウイルスのヘリケース・複製酵素遺伝子によりジャガイモ葉巻ウイルス抵抗性が付与されたジャガイモがある．ジャガイモ葉巻ウイルス抵抗性ジャガイモは，同時に Bt トキシン遺伝子を導入することによるコロラドハムシ抵抗性もあわせもっている．外被タンパク質遺伝子，ヘリケース・複製酵素遺伝子導入によるウイルス抵抗性獲得の機構は，これらの遺伝子由来のタンパク質が抵抗性を引き起こすのではなく（側注参照），導入植物の細胞内で転写後型ジーンサイレンシングが起こり，それにより同種のウイルスの増殖が抑制されるものと考えられている．

c. 除草剤耐性植物

雑草を人手に頼らず効率よく取り除くために，多くの除草剤が開発

されてきた．除草剤は作物と雑草を同時に枯らしてしまう危険性があるため，作物にだけ除草剤に対する耐性を付与できればたいへん好都合である．このようなことから，早くから除草剤耐性植物作出の研究が行われてきた．

グリホセート（glyphosate，商品名「ラウンドアップ」）は，現在最もよく利用されている除草剤の1つである．グリホセートは芳香族アミノ酸（Trp, Tyr, Phe）の合成に必要な 5-エノールピルビルシキミ酸-3-リン酸合成酵素（EPSP 合成酵素）の活性を阻害して，結果的に芳香族アミノ酸の欠失をもたらし，すべての植物を枯死させる．そこで，グリホセート耐性となった *Salmonella typkimurium* からグリホセートと反応しない変異 EPSP 合成酵素遺伝子（変異 *Aro* A 遺伝子）が単離され，アグロバクテリウムの形質転換系を用いて，タバコの染色体 DNA 内に導入した．得られた形質転換タバコはグリホセートに対して耐性を示したが，期待したほどの効果は得られなかった．これは，植物の EPSP 合成酵素は葉緑体に局在し，そこで機能している酵素であるため，葉緑体へのトランジットペプチド（transit peptide；側注参照）をコードしていない細菌の変異 *Aro* A 遺伝子では葉緑体の中に入ることができなかったためである．そこで，*S. typkimurium* から単離された変異 *Aro* A 遺伝子に，ルビスコ（RuBisCo；Ribulose 1, 5-bisphosphate carboxylase-oxygenase）の小サブユニットのトランジットペプチドの配列を結合させ，トマトに導入した．形質転換トマトでは，トランジットペプチドがついた変異 EPSP 合成酵素が合成されて葉緑体の中に入り，そこでトランジットペプチドは切り離され，活性のある変異 EPSP 合成酵素になり，グリホセート耐性となった．商業栽培されているものとしては，グリホセート耐性ダイズ，ナタネやワタがある．

土壌微生物の中には除草剤を分解して利用しているものもある．これらの無毒化酵素遺伝子のいくつかはすでに単離されている．たとえば，土壌細菌 *Klebsiella ozaenae* のニトリラーゼ遺伝子である．この酵素は，光合成反応を阻害する除草剤ブロモキシニルを無毒化する活性をもっている．*Streptomyces hygroscopicus* はホスフィノスリシンアセチルトランスフェラーゼ遺伝子をコードしており，この酵素はグルタミン合成経路を阻害する除草剤グルホシネート（ホスフィノスリシン）をアセチル化して無毒化する．土壌細菌 *Alcaligenes eutrophus* から除草剤 2, 4-D を無毒化して 2, 4-ジクロロフェノールに変える酵素（2, 4-ジクロロフェノキシ酢酸モノキシゲナーゼ）遺伝子も単離されている．これら3つの遺伝子が導入された形質転換タバコやトマト

トランジットペプチド
膜を通過することができる，ある特定のアミノ酸配列をもった短いペプチド．

ルビスコ
光合成による CO_2 固定の主役を演じている酵素の1つで，大小2つのサブユニットからなり，大サブユニットは葉緑体 DNA にコードされている．小サブユニットは核 DNA にコードされ，細胞質で合成された後，葉緑体に運ばれてそこで大サブユニットと会合して活性なルビスコ分子になる．細胞質で合成された小サブユニットが葉緑体に移行できるのは，小サブユニットタンパク質の末端に葉緑体の膜を通過するためのトランジットペプチドが付いているからである．

グリホセート耐性ダイズ
アメリカのダイズ栽培では，一般に最低2回除草剤（播種直後の土壌処理と生育期の茎葉処理）が散布されるが，それに対してグリホセート耐性ダイズ（商品名「ラウンドアップ・レディー・ダイズ」）の場合，生育期に1回散布すればすむため，環境に負荷が少なく，また，経済的で省力化につながる．雑草害回避により 5% の増収があるとの報告もある．

は、いずれも除草剤耐性を示している。商業的に利用されているものとしては、グリホシネート耐性ダイズ、ナタネやトウモロコシおよびブロモキシニル耐性ワタがある。

d. 雄性不稔植物

自然界には雑種一代目の優性が特に際立って現れる現象がある。これを雑種強勢（hybrid vigor, heterosis）という。現在販売されている野菜や花の種子のほとんどはこの雑種強勢を利用したハイブリッド種子である。しかし一代雑種をつくるためには、同株間で交雑が起こらないように、母株の雄しべをあらかじめ除去しなければならない。トウモロコシのように、他殖性で雄穂と雌穂に分かれている植物では比較的簡単にハイブリッド種子（ハイブリッドコーン）を作ることができるが、イネのように自殖性で、雄しべと雌しべが同じ花の中にある植物では、雄しべだけを1つ1つ切り取るという作業は実際上できない。このような植物で一代雑種をつくろうとすると、どうしても花粉をつくらない植物、すなわち雄性不稔植物が必要となる。ハイブリッドライスは雄性不稔イネを利用してつくった雑種一代目のイネのことで、ハイブリッドライスの収量は、普通のイネの場合の3割増しと言われている。

遺伝的雄性不稔は、①細胞質・核遺伝子相互作用型、②核のみに支配される核遺伝子型、③細胞質因子のみに支配される細胞質単独型、の3種類がある。①と③をあわせて細胞質雄性不稔（cytoplasmic male sterility）といい、雄性不稔にかかわる細胞質遺伝子の所在はミトコンドリアである。高等植物では、核に雄性不稔遺伝子の作用を打ち消し花粉稔性を回復させる稔性回復遺伝子（fertility restoring gene）が存在すれば、細胞質雄性不稔遺伝子があっても花粉を形成することができる。非対称細胞融合や戻し交雑によって細胞質雑種を作り出して、雄性不稔性を付与することができる。

ハイブリッド種子をつくるときに必要な雄性不稔株が、遺伝子工学的手法によって作出されている。花粉母細胞（pollen mother cell）は薬室の内側のタペータム（tapertum）に接着し、そこから栄養を取りながら2回分裂を繰り返して花粉粒に発達する。このような花粉形成に必要な遺伝子の発現を制御しているプロモーターは、花粉形成の特定な時期のみに、またタペータムという特定な組織でのみ働く。このようなプロモーターの1つにTA29がある。したがってこのようなプロモーターは時期特異的で、かつ組織特異的である。そこで、タペータムで特異的に発現している遺伝子のプロモーター（TA29）

の下流にRNase（ribonuclease；RNA分解酵素ともいう）遺伝子をつないでタバコとナタネに導入した．RNase遺伝子にはRNase T1遺伝子あるいはバルナーゼ遺伝子が用いられた．このような形質転換植物では，花粉がつくられる時期になると，RNaseが葯の中にだけ合成され，タペータムにあるmRNAを分解する．その結果花粉の形成に必要なタンパク質は合成されず，花粉のない花となる．この雄性不稔植物にRNaseインヒビター（RNaseの活性を阻害するタンパク質）を発現させる形質転換植物を交配させて，雄性不稔植物の稔性を回復させることができる．

e. 花色の分子育種

ある特定の遺伝子のmRNAのcDNAの一部または全部をプロモーターの下流へ逆向きに連結したものを，植物細胞の染色体に組み込んでマイナス鎖RNA（アンチセンスRNA）を転写させ，細胞内で特定RNAと雑種形成させることにより，タンパク質合成を抑えることができる（側注および図3.17参照）．花の色素で最も一般的なのはフラボノイド（flavonoid）色素である．カルコン合成酵素はフラボノイド合成の鍵となる酵素である．ペチュニアから単離したカルコン合成酵素の遺伝子の一部を，35Sプロモーターの下流へ逆向きに挿入して，ペチュニアの染色体DNA内に導入すると，この形質転換植物は本来もっているカルコン合成酵素遺伝子のmRNAに相補的なRNAを転写することになる．得られた形質転換ペチュニアの中には，花色の赤色がなくなり白色になるもの，アンチセンスRNAのつくられる

アンチセンスRNA

DNAは二重らせん構造をとり，遺伝子に対する暗号は，そのうちの必ずどちらか一方に記されている．遺伝子が働くときには，その遺伝子に対応する塩基配列をもつmRNA（これをセンスRNA（senseRNA）という）が合成される．この時，二重らせんの逆側の塩基配列に対するRNAを人為的に植物細胞の中につくらせると，これはセンスRNAと相補的な配列をもち，センスRNAと結合して二本鎖RNAを形成する．二本鎖RNAを形成したセンスRNAはタンパク質を合成することができなくなる．この逆側の塩基配列に対するRNAをアンチセンスRNA（antisense RNA）と呼ぶ（図3.17参照）．

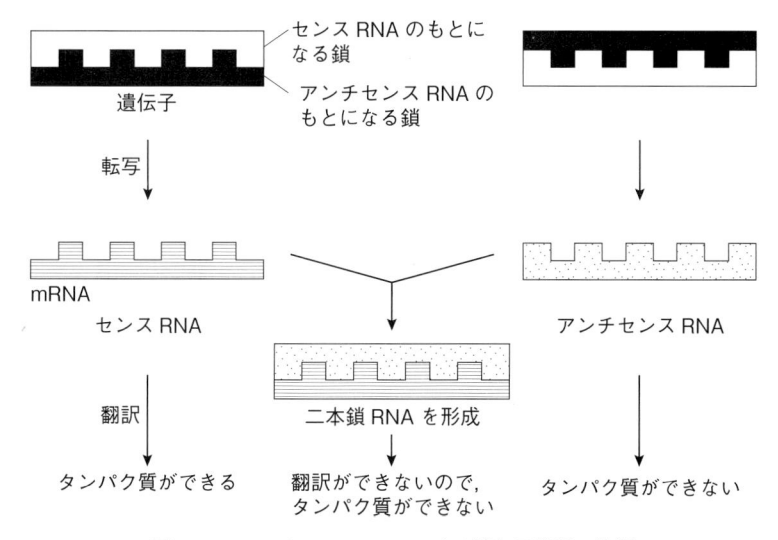

図3.17 アンチセンスRNAによる遺伝子発現の抑制

世界における遺伝子組換え作物の現状

1996年の遺伝子組換え作物の商業栽培開始以来（当時の世界の栽培面積は170万 ha），栽培面積は飛躍的に増加し，2008年には1億2500万 ha に達した．組換えダイズは，世界でのダイズの栽培面積の約70%，組換えトウモロコシは約24%，組換えワタは約46%，組換えナタネは約20%である．商業栽培を行っている国も25ヶ国（アメリカ，カナダ，ブラジル，アルゼンチン，オーストラリア，インド，中国，フィリピン，スペイン，ポルトガル，チェコ，ルーマニア，ポーランド，南アフリカ，エジプトなど）に及ぶ．アメリカ国内における組換えトウモロコシおよび組換えダイズの栽培率はそれぞれ85%と91%である．日本は遺伝子組換え作物の商業栽培を行っていない（2012年現在）．

量が各々の花で異なるため純白のものから赤色と白色の中間色になるもの，中央だけ色が抜けるものなどさまざまな色を示す花が得られた．また，アンチセンス法によりカルコン合成酵素遺伝子の発現を抑えることにより，種々の花色のガーベラが作出されている．

f. 日持ちのするトマト

トマトは成熟するにつれて青い果実が赤くなり，柔らかくなる．果実の成熟には，植物ホルモンのエチレン（ethylene）が深く関係している．トマトは生産地から消費地までに輸送する間や貯蔵している間にその植物自身がつくるエチレンによって徐々に熟していく．そのため，まだ完全には熟していない段階で収穫されて消費地に送られる．このエチレンがつくられるのを抑えることができれば，輸送中や貯蔵中にトマトが熟しすぎて傷むのを抑えることができる．

エチレンはS-アデノシルメチオニン（SAM）を経て1-アミノシクロプロパン-1-カルボン酸（ACC）からつくられるが，SAMからACCを合成する際にはACC合成酵素が，また，ACCからエチレンを合成する時にはエチレン合成酵素が必要である．そこで，これらの酵素のいずれか一方の遺伝子のアンチセンスRNAをトマトにつくらせると，果実の成熟が抑えられる．また，このような組換えトマトの果実に外からエチレンを与えると，成熟する．

土壌細菌の中には，ACCを栄養源として生きているものもある．これらの細菌はACCを分解する酵素をもっており，その1つがACCデアミナーゼである．ACCデアミナーゼはACCをα-ケト酪酸とアンモニアに分解する．ACCデアミナーゼ遺伝子を導入したトマトの実は収穫後3ヶ月たってもみずみずしく固かったが，非組換えトマトの実は収穫後40日で腐り始め，3ヶ月で黒ずみ，形は完全に崩れてしまった．

ポリガラクチュロナーゼ（polygalacturonase）という酵素は，トマト果実の軟黄化に重要な働きを果たしており，果実が成熟するときに合成される．アメリカのカルジーン社（後に，モンサント社に吸収合併される）は，このポリガラクチュロナーゼ遺伝子の発現をアンチセンスRNAの手法で抑制した形質転換トマトを作出し，収穫後も傷みにくく長持ちするトマトを開発した．1994年にはアメリカ食品医療品局の許可を得てこの形質転換トマトをフレーバー・セーバーという商品名で販売した．これが市販された遺伝子組換え作物の第1号である．

		アセチル CoA →→→ パルミチン酸 → ステアリン酸 → オレイン酸	δ-12 デサチュラーゼ (fad2)↓ ※ リノール酸 → リノレン酸			
種子中脂肪酸組成（％）	非組換えダイズ	11	4	22	55	8
	高オレイン酸ダイズ	7	3	83	2	4

図 3.18 脂肪酸合成経路および非組換えダイズと高オレイン酸ダイズの脂肪酸組成比（図中データはデュポン株式会社の好意による．）

g. 高オレイン酸ダイズ

油糧作物の育種で重要な点の1つは，オレイン酸含量が高く，飽和脂肪酸含量が低い健康に良い油をつくることである．脂肪酸の合成系の一部を図3.18に示した．ここで，オレイン酸からリノール酸の合成をつかさどる酵素が δ-12 デサチュラーゼ（δ-12 desaturase）であり，これをコードしている遺伝子が fad 2 遺伝子である．非組換えダイズにおいてはこの酵素の活性が高く，リノール酸まで合成が進むため，脂肪酸組成でみると約 55% がリノール酸である．もし fad 2 遺伝子の発現を抑制すれば，オレイン酸含量の高いダイズになる．そこで，アンチセンス RNA の手法を用いて fad 2 遺伝子の発現を抑制して高オレイン酸含量の遺伝子組換えダイズが作出された．健康によい高オレイン酸油としてはオリーブ油があるが，この高オレイン酸含量の遺伝子組換えダイズのオレイン酸含量はオリーブ油を超えている．高オレイン酸含量の遺伝子組換えダイズの形態は既存のダイズと変わりがなく，オレイン酸含量以外のその他の炭水化物などの量および組成はすべて既存のダイズと変わらないことから，既存のダイズと比較して安全性は変わらない（実質的同等性）ということが確認された．

3.4 DNA による品種・系統識別法

a. 制限酵素断片長多型（restriction fragment length polymorphism；RFLP）を用いた検出法

制限酵素は DNA の4ないしは6塩基からなる認識部位を切断する酵素で，DNA を種々の長さに切断する．各種制限酵素はそれらが切断する塩基配列との特異性が高く，1個の塩基配列でも他の塩基に置き換わっても，また欠失しても切断されない．そこで，特定の制限酵素を用いて DNA を切断し電気泳動すると，DNA 断片を長さに従って分けることができる．すなわち，比較する DNA 間で塩基配列に差異があれば，制限酵素で切断された DNA 断片の長さの違いとして検出できる．細胞の DNA のように長い DNA を制限酵素で切断して，

電気泳動すると断片数が非常に多くなり，バンドパターンの比較は困難である．このような場合には，特定のDNAプローブを設計し，サザンハイブリダイゼーションにより品種，系統を識別することができる．

タマネギ在来種，ニンニク，栽培ゴマでは，イネのミトコンドリア遺伝子（atp A, cox I など）をプローブにしたRFLP解析により，品種，系統の分類が試みられている．キュウリでは，キュウリ由来のDNA断片をプローブとして，品種識別を行っている．芝草類では，コムギの光合成関連遺伝子（rbc S）などをプローブに用いて系統診断を行っている．

b. PCRを用いた検出法

PCR（polymerase chain reaction）法で増幅したDNAの長さを比較することによって品種，系統を識別することができる．合成プライマーの塩基配列を任意に変えることによって，多様なPCR産物を得ることができる．ランダムプライマーを用いて検出される多型をRAPD（random amplified polymorphic DNA）という．ランダムプライマーを用いてイネ35品種からインディカ品種を識別することができる．リンゴ栽培種では，花粉親の判定に使用されている．アズキ，ニンジンの品種群分類，スイカ，トマトの品種間差異およびF_1検定への利用，ウメの品種識別や親子鑑定に使われている．

文　献

1) 原田　宏（1989）：植物バイオテクノロジー―その展開と可能性，p.1-225, 日本放送出版協会.
2) 池上正人他（1995）：バイオテクノロジー概論，p.1-217, 朝倉書店.
3) 池上正人（1997）：植物バイオテクノロジー，p.1-172, 理工図書.
4) 森川弘道・入船浩平（1996）：植物工学概論，p.1-161, コロナ社.
5) 大澤勝次（1994）：植物バイテクの基礎知識，p.1-250, 農山漁村文化協会.
6) 大澤勝次・田中　司（2000）：遺伝子組換え食品（日本農芸化学会編），p.1-316, 学会出版センター.
7) 小関良宏（2001）：遺伝子組換え食品の現状，臨床栄養，**98**：266-272.

④ 畜産におけるバイオテクノロジー

〔キーワード〕 遺伝子組換え，人工授精，胚移植，体外受精，畜産業，クローン，核移植

　人間は数千年前よりウシ，ブタ，ウマ，ヤギ，ヒツジ，そしてニワトリなどの家畜とともに文明や文化を築いてきた．その利用対象は，家畜の畜力に始まり，肉・乳・卵・その加工物といった食品，皮・毛や羽毛のように被服装飾等に用いるもの，ゼラチン・コラーゲンなど家畜体からの抽出物，さらには蛇毒，蜘蛛毒や菌毒等に対する抗血清，そしてホルモン類にいたるまで非常に幅広い．近年，バイオテクノロジーの発達に伴いそれらの利用目的はさらに高度に展開している．図4.1に紹介するように，遺伝子組換えを利用して，①家畜体を大きくする，抗病性を高める，環境負荷を減らすといった，生産効率の向上を目指す取り組み，②低アレルギー乳など，生産物に新たな価値や機能を付加しようとする取り組み，③さらに絹糸やコラーゲンといった生理物質の効率的生産や，④薬となるペプチドや移植用臓器の生産といった医薬分野での取り組みが知られている．これらの新たな目的を達成することが可能になったのは，家畜の繁殖技術，細胞や遺伝子の操作技術が飛躍的に進歩したためでよる．

図4.1　家畜に対するバイオテクノロジーの活用

4.1 バイオテクノロジーを支える繁殖技術

a. 人工授精による家畜の生産

家畜の繁殖補助技術の第一歩となったものとして人工授精技術（artificial insemination）がある（図 4.2）．これは家畜から採取した精液をその生理機能を保持したまま凍結保存し，各地に輸送し，必要なときに融解して，排卵前の発情期にある雌家畜の子宮中に注入するという技術である．現在，わが国のウシの大部分がこの方法によって生産されている．養豚においても広く利用されているが，ブタの精液の耐凍能力が低いため，凍結精液の利用は少ない．この技術の確立には，①精液を衛生的に採取する技術，②精子のような微細な細胞の凍結保存技術，③動物の発情サイクルや排卵のメカニズムを知りこれをコントロールする技術，④動物の子宮内部に精液を非外科的に注入する技術，等の確立が不可欠であった．精子の凍結保存には，ニワトリの卵黄もしくはスキムミルク，グリセリン，糖類や界面活性剤などで構成された凍結保存液が用いられている．これらの構成成分は細胞膜の保護，細胞の脱水，細胞内での氷晶形成の抑制のために巧妙に組み合わせられて用いられており，現在さまざまな動物の精液の凍結保存が可能になっている．

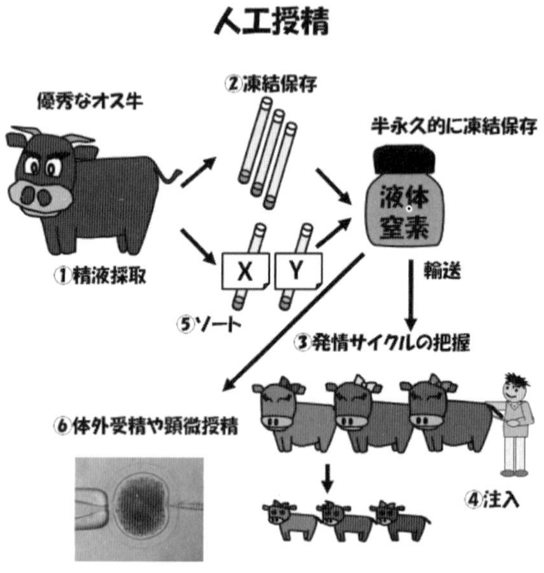

図 4.2 人工授精技術
遺伝的に優秀な雄畜より，精液を採取しこれを凍結保存する．凍結精液は地域や国を越えて輸送が可能であり，多数の雌畜に注入して優秀な雄の子孫を効率的に生産することができる（図⑥東京農大，田崎氏提供）．凍結精液は人工授精のほか体外受精，顕微授精（図左下）にも用いることができる．

b. 人工授精の意義

人工授精は家畜の生産性の向上に大きく貢献している．ウシの場合1頭の雄が1回の交配で射出する精子数は約50億匹であるが，人工授精では約2000万で受胎が可能である．そのため優秀な雄を，理論上約250倍の効率で利用できる．また凍結精液の輸送や半永久的な保存も可能であることから，1頭の雄の利用効率はさらに向上する．この技術は希少動物の遺伝資源の保存にも用いられている．近年，ウシの性判別精液が市販されるようになっている（図4.2の⑤）．精子は性染色体としてXもしくはY染色体を1つもっている．性判別精液とは，X染色体とY染色体のDNA量の違いを利用して，X染色体を有する精子とY染色体を有する精子を分離したうえで凍結保存

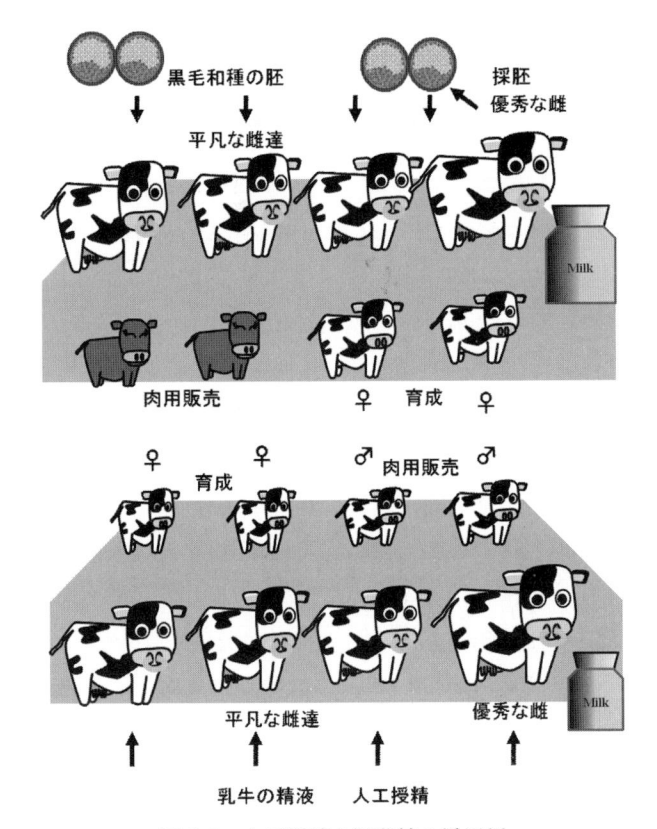

図4.3 人工授精や胚移植の活用例

図は上と下の2つの農場を比較している．上の農場では優秀な乳牛（右端）から胚を採取している．雌子牛を選択的に得るため，性判別精液を人工授精して胚を作製するか，もしくは，採取した胚をあらかじめ遺伝子診断して性判別した後，平凡な能力の牛に移植している．また他の雌牛群には黒毛和種の胚を移植している．黒毛和種の子牛は高値で取引される．優秀な乳牛の雌子牛（図右の2頭）は育成後に農場の乳量増産に役立つ．一方で下の農場では，すべての乳牛に乳牛の精液を人工授精している．優秀な乳牛から，雌子牛が生まれる効率は1/2であり，平凡な雌からも雌子牛が生まれ，農場の乳量増産にはつながらない．余剰の子牛も，乳牛の子を肉用として販売するため安価である．酪農家の収入には上下で大きな差が出てくる．

したものであり，90%以上の確率で目的の性が得られる．この精液は，後に紹介する胚移植とともに活用することで牛乳生産と子牛販売を主収入源とする酪農家に大きな収益増をもたらすことができる（図4.3）．また凍結精液は後述するように体内胚の生産，体外胚の作製にも用いることができる．さらに精子の有効利用の究極として，1匹の精子を卵子中に人為的に注入する顕微授精技術がある（図4.2の⑥）．この技術では，運動機能がなくなった精子や精子形成前の精子細胞，凍結乾燥した死滅精子を利用して胚を生産することも可能になる．牛が1回の交配で射出する精液が50億ならば，理論上50億個の胚の作製が可能になる．これらの技術や後述する胚移植や体外受精胚の技術は，人の不妊治療にも応用されている．

c. 胚移植（体内受精胚）による家畜の生産

次に紹介するのは家畜の胚移植（embryo transfer；E. T.）技術である（図4.4）．この技術は胚を生産，回収してこれを他の雌の子宮に移植し子畜を得るという技術である．わが国では2007年度には，年間約9万件[1]の牛胚移植が行われている．現在流通している牛胚は，生体から回収した体内胚と後述する体外で受精発生させた体外胚がある．図では体内胚の作製手順を示している．この方法では，①優秀な雌畜（左上）にホルモン処理を施し，卵胞の発育を促して過剰排卵させる技術，②胚の受け取り側（レシピエント）としての受胚牛の発情サイクルを制御して胚の日齢と発情後の日数を同調させる技術，③非外科的に胚を子宮より回収したり，逆に胚を移植したりする技術，④胚の体外培養技術および胚の凍結保存技術，等によって支えられている．胚の凍結は，精子の凍結よりも厳密な温度管理や耐凍剤の調整が必要であり，現在は胚のみならず受精前の卵子の保存も可能になっている．

d. 胚移植の意義

前述の人工授精が雄の効率的利用を可能にしたものである一方で，この方法は雌の利用効率を向上させる効果がある．つまり1頭の雌畜が自ら生産できる子牛は年間1頭であるが，この技術を用いることで1頭の雌畜から年間数十個の胚が生産できるため，子牛の生産効率は理論上数十倍に向上する．人工授精や胚移植はともに1個体から効率よく多くの子孫を得ることが可能になり，後代を用いて親の能力を判断している育種では，個体の遺伝能力をより効率よく正確に推定することが可能になる．これは，家畜の能力向上に多大な貢献をする．ま

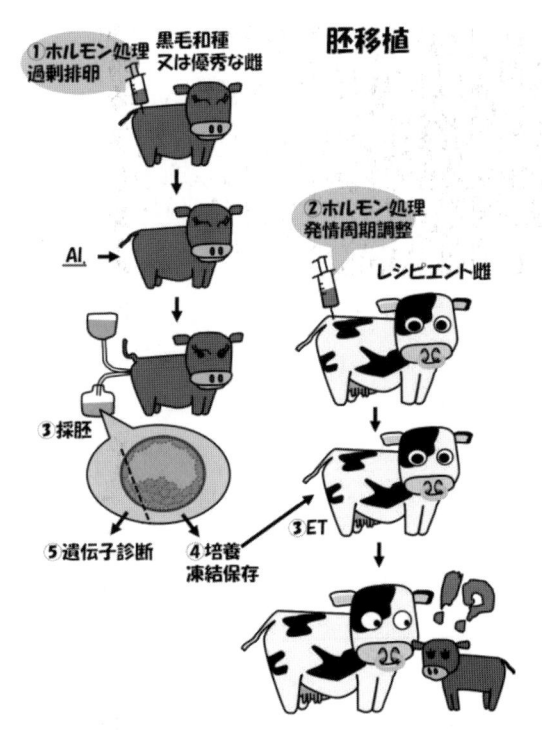

図 4.4 体内受精胚（体内胚）の採取と移植
高付加価値の望める黒毛和種や優秀な乳牛（供胚牛；ドナー）に過剰排卵処理を施し，人工授精後に子宮内から胚を回収する．この胚は凍結保存後，輸送して，他の雌畜（受胚牛；レシピエント）の子宮に移植する．産子は胚を提供した雌畜のものである．移植前の胚の遺伝子診断も可能である．

た胚移植においても産み分けが可能であり，胚の一部をマイクロマニュピレーターを用いて切り取り，その細胞塊を対象に PCR 法を用いて遺伝子診断し，移植前に胚の性別や病気の遺伝子の有無も判断することができる（図 4.4 の⑤）．この方法を用いた胚の性判別と移植は，日本においても広範に行われている．

e. 体外受精胚による家畜の生産

上記の体内胚に加えて，卵子を体外で受精・発生させて胚を作る技術がある．図 4.5 は体外受精胚（*in vitro* fertilized embryo）の生産過程を示している．日本では特に肉牛生産を目的に，体外胚の生産と移植が行われている（年間 13,000 件，2007 年）．家畜の卵巣中には多数の未発育な卵子が含まれている．なかでも牛卵巣表面に目視できる直径 3 mm 以上の卵胞内の卵子は完全に成長した段階にある．そこで非常に優秀な雌個体の卵巣表面の卵胞から卵子を回収して胚作製に用いる．卵子の回収は生体の卵巣表面の卵胞から超音波診断機を用いて回収する方法（ovum pick up；OPU，図 4.5 の①）と，食肉センターで雌牛の肉質を確認して選抜したうえで同個体の卵巣から卵子

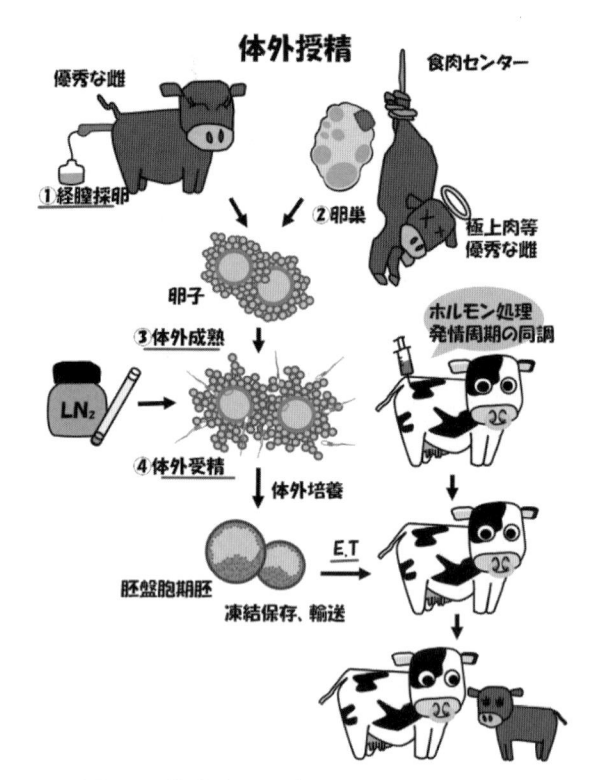

図 4.5 体外受精胚（体外胚）の作製と移植
成体の卵巣，もしくは屠体の卵巣から卵子を回収してこれを体外で成熟，受精，そして培養して胚盤胞期胚というステージまで発育させる．その後，凍結保存を経て雌牛に移植される．実験室や培養機など機材が必要であるが，牛を飼うことなく胚を作製できる．

を回収する方法（図 4.5 の②）とがある．後者の場合は，肉を目視することで本来殺さなければわからない遺伝能力を直接判断できるため，高い正確性で能力の高い個体を選抜することができる．そのためこの卵子に由来するウシの肉質は，非常に良いものになる．回収した卵子は，体外培養によって減数分裂を進め（体外成熟：$in\ vitro$ maturation, 図 4.5 の③），これと凍結融解精液を用いて体外受精（$in\ vitro$ fertilization, 同図の④）を行い，胚を作製する．胚は数日間体外培養した後に凍結保存等を経て受胚牛に移植される．この胚の培養技術はこの後で述べるクローン個体作製の基盤技術として非常に重要である．体外受精では前述の凍結精液 1 本（2000 万）で数百の卵子を受精させることでき，人工授精や体内胚よりも雄の利用効率が高い．また家畜卵子の体外発育に関する研究も進行している．上記の体外受精法で利用できなかった未発育の卵子は卵巣内部に数千個以上存在している．これらを長期間体外培養して体外胚の作製に用いることで，雌の遺伝資源の有効活用が可能になる．

体外受精技術の応用
　この技術は人の不妊治療にも利用され，2010 年にエドワーズ（R.G. Edwards）博士がその科学的・社会的貢献によってノーベル医学生理学賞を受賞したことは記憶に新しい．

f. 核移植胚による家畜の生産

図4.6の方法は体細胞を利用したクローン作製技術である．黎明期には胚の割球を核のドナーとして利用していたが，1997年，英国のロスリン研究所のウィルムット（Wilmut）らによる体細胞クローンヒツジの成功以降，さまざまな動物種で成功例が報告されている．ウシではわが国の近畿大学および石川県畜産総合センターによって2003年に生まれた2頭のウシが世界初のクローンウシ成功例である．手順は，前もって除核した卵子（図4.6の①）に体細胞の核を移植し（同図②），この卵子に対して活性化処理を施す．このとき，体細胞の細胞周期，核移植された卵の細胞周期や極体放出等を制御する技術が，正常な二倍体胚の作製に重要である．体細胞核移植（somatic cell nuclear transfer；SCNT）では，移植前に体細胞に対して遺伝子操作を行うと，移植前に組換えが確認できた細胞のスクリーニングが可能になる．そのため，クローン技術は優秀な個体の増産や育種への活用と同じく，医薬の分野でも注目されている（後述）．ただし現在，体細胞核移植にはいくつかの問題点がある．それは核移植胚の受胎後に

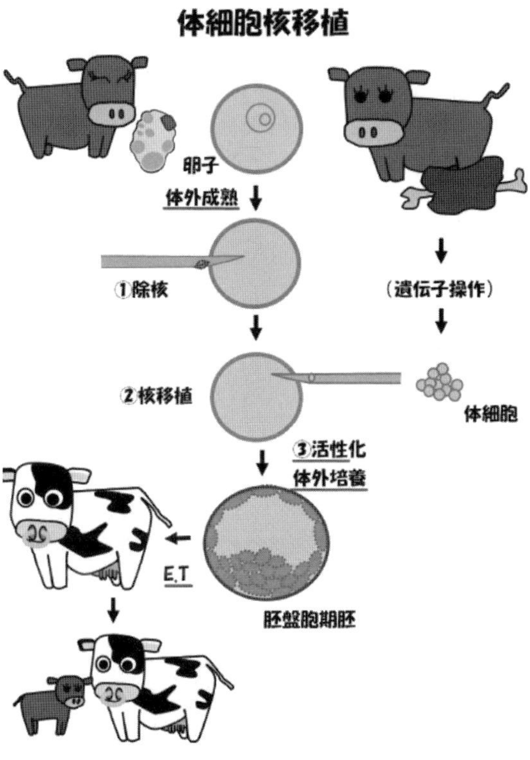

図4.6 核移植胚の作製と移植
優秀な家畜の体細胞の核にはその家畜の設計図が納められている．健康なドナー牛から採取した卵子を除核処理した後に，体細胞の核を移植する．発育した胚はミトコンドリアを除きその遺伝子の設計図すべてがドナーの家畜と同一である．体細胞の時点で遺伝子を操作することも可能である．

エピゲネティクス

DNA のシトシンのメチル化，ヌクレオソームの構成タンパク質で DNA が巻きついているヒストンのアセチル化，メチル化やリン酸化といった修飾，そしてこれらのヌクレオソームが構成するクロマチンの高次構造は，遺伝子の発現を制御する重要な機構である．このような遺伝子情報の変化を伴わずに遺伝子発現を制御する考え方をエピゲネティクスと呼んでいる．

利用する家畜種やドナーで用いる細胞の種類によって頻度に差があるものの，高い確率で流産死産を起こしてしまうことである．これは遺伝子のエピゲネティクス（側注参照）異常にその原因があると考えられている．一般に受精後に胚ではゲノムワイドな DNA の脱メチル化が起こり，その後発生に伴って分化する細胞に特異的なメチル化がそれぞれの DNA に施されていくことが知られている．クローン胚の流産や死産などの異常は，ドナー細胞の遺伝子のリプログラミング，言い換えれば細胞の記憶の消去，そしてその後の修飾が正常に行われないエピゲネティクス異常が理由として考えられている．また，体外での胚操作や培養条件が不適切であるとエピゲネティクス異常が起こることも知られている．2011 年現在，ウシでの核移植技術は一応の完成をみているものの，体細胞クローンウシの生産物はいっさい市場には出ていない．バイオテクノロジーを用いた食品の生産には，先端技術の確立とは別に，消費者を含めた社会的・政治的な受容が不可欠である例となっている．

g. 遺伝子組換え家畜の生産

体細胞核移植技術の確立によって遺伝子組換え動物の作製が容易になった．図 4.7 に示す概略図は，遺伝子組換え家畜の作製例を示している．導入する DNA は，目的タンパク質をコードした遺伝子，プロモーター，インスレーター，調整エレメント等を含んでいる．外来の

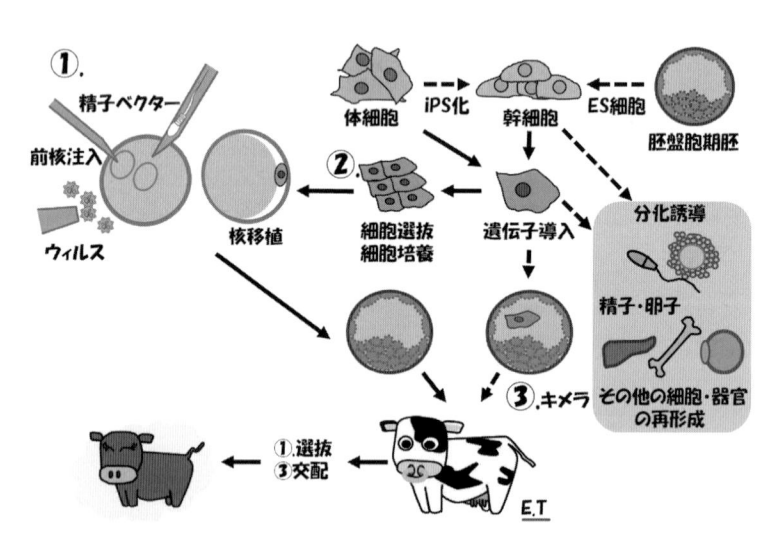

図 4.7 遺伝子組換え胚の作製と移植
胚や核移植に用いる細胞を対象に目的の遺伝子の導入を行う．前核期卵を用いる方法（図中①）や，体細胞や幹細胞を用いて導入を行い核移植前にスクリーニングする方法（②）がある．③の方法では全能性のある幹細胞を用いてキメラを作製する．点線の矢印は，2011 年現在までウシで成功をみていない．

遺伝子は，細胞や胚のゲノムの任意な場所，もしくは高度にデザインされている場合は，ゲノムの特定の部位に相同組換えを利用して導入される．このような遺伝子組換え技術は，特定の遺伝子の機能を調べるためにマウスを対象に汎用されてきているが，家畜が対象の場合，繁殖サイクルがマウスに比べて非常に長く，生産や維持のコストも高く，利用目的が限られている．1996年にウォール（Wall）ら[2]が行った試算によると，遺伝子組換えの子牛作製には500,000ドルかかるとされている．またこれらの家畜を維持したり管理したりするのにもさらに莫大な経費がかかる．現在遺伝子組換え家畜の利用目的としてはさきに図4.1に示したが，多くの場合市場のニーズが高く，高額な収益が見込まれ，社会的な受容が得られやすい医薬分野を対象に力が注がれている．

h. 遺伝子の導入方法

遺伝子組換え胚作製方法はおもに2つある．1つは前核内に遺伝子を注入する方法である（図4.7の①）．また精子にあらかじめ当該遺伝子を取り込ませておき，その後受精もしくは顕微授精によって外部遺伝子を卵子に導入する（精子ベクター）方法や，ウイルスが細胞に感染し外来遺伝子を細胞内部に持ち込む能力を利用するウイルスベクターを用いる方法もある．これらの方法を用いるとうまく遺伝子導入された割球とされなかった割球のモザイク胚になる可能性があり，さらにウイルスベクターを用いない場合は，組換えの起こる頻度が極めて低い．結果，当該遺伝子が安定して発現する組換え動物を1頭作製するのに膨大な数の卵子を処理し，さらに生まれた産子を選別する必要がある（図4.7の①下）．残る1つの方法は，体細胞もしくは幹細胞を対象に遺伝子導入を行い，細胞を精査して当該遺伝子の組換えと，その遺伝子の安定した発現が確認された細胞の株のみを選び核移植に用いる方法である（同図②）．この方法によってモザイク胚の可能性も低下し，組換え家畜の生産効率が飛躍的に向上する．細胞への遺伝子の導入は，特殊な脂質に遺伝子を吸着させて細胞内に導入するリポフェクション法，高圧の電気刺激のもと細胞膜に一時的に穴をあけ外来遺伝子を細胞内に導入するエレクトロポレーションといった化学・物理的な方法や，前述のウイルスベクターを用いる方法等がある．ウイルスベクターの使用や組換え動物の作製や維持は法律によって厳密にコントロールされており，安全性が担保されている．

2006年に山中らによって，特定の転写因子を発現させることで，幹細胞化させた体細胞（induced pluripotent stem cells；iPS細胞）

を得ることができることが報告された．またウシやブタにおいても胚性幹細胞（embryonic stem cells；ES細胞）樹立に向けた研究が進んでいる（図4.7の右上破線矢印）．このような幹細胞を用いると，遺伝子組換えした細胞を胚盤胞期胚の割球内に混ぜ，キメラ動物を作製できる（図4.7の③）．この細胞が得られた家畜の生殖系列に移行している場合，両者の交配を通じてホモ型の組換え動物が作製できる．また幹細胞の分化誘導により特定の細胞や組織の生産が可能になれば，家畜の利用の可能性が広がる．たとえば生殖細胞への分化が可能になると，家畜を飼育する必要がなく精子もしくは卵子が手に入る．

i. その他のバイオテクノロジー

わが国において，畜産物の安全性やトレーサビリティに対するニーズは非常に高い．たとえば牛肉の産地偽装や狂牛病（Bovine Spongiform Encephalopathy；BSE）の発生などを受けて，消費者は購入した牛肉の正確な情報を求めている．そこで，今日市場で流通している牛肉と農場で飼養出荷された牛が同一のものかを担保する仕組みが作られており，そこで利用されている技術が遺伝多型を利用した遺伝子診断である．この方法は，DNAの配列の中で，個体ごとに特異な塩基対が存在する，または同じ短い配列が繰り返している数が異なるような部分を対象に，PCR反応を用いて増幅する．そして得られた産物の制限酵素による切断や電気泳動のパターンの差を利用して，サンプルが同じ個体に由来するものかどうかを調べる，というものである．

4.2 バイオテクノロジーを用いた新しい利用法

a. 生産性の向上や環境負荷の低減

遺伝子の組換え技術の畜産への利用は，まずその生産性を改善させるために成長ホルモンやIGF1（insulin-like growth factor 1）の過剰な発現によって畜体の大型化を図る，ミオスタチン（Myostatin）のように筋肉量を制御する遺伝子の抑制によって肉量の増加を図る，チーズ作製のためカゼインやカルシウムの含量をあげる，等に代表される取り組みがある．しかし，予期せぬ副作用や大型化に伴う難産などが見受けられるため，一形質に影響する遺伝子に関する幅広い知見と時間的空間的な遺伝子の発現制御技術が個々の取り組みごとに求められている．また同じく生産性の向上を目指す例としては，抗病性の付与がある．家畜が病気にかかりにくくなる，という能力付与は産業

の生産効率を上げ，病気の治療回数を減らし，家畜そのものの福祉にも貢献し，結果として生産物の質を上げることができるためたいへん魅力的である．酪農業を例にとると，牛乳に含まれる体細胞や菌数は，牛乳の質を左右する大きな要因であり，乳房の衛生管理に酪農家は細心の注意を払っている．しかし，乳房炎は酪農業における最大の病気の1つであり，これによる乳生産の低下や家畜の淘汰に農家は頭を悩ませている．この病気の多くは黄色ブドウ球菌によって引き起こされているが，抗生剤は効きにくく，何度も治療と感染を繰り返し重篤化する．そこで乳腺にこの細菌を制することができる酵素であるリソスタフィン（lysostaphin）を発現させ，乳房炎を抑制する試みがウォール（Wall）ら[3]によってなされている．また，同様な目的で抗菌性性質のあるエンドペプチダーゼのリゾチームやラクトフェリンを発現させる試みもある．ほかにも抗病性の付与として，特殊な病原に対するマウスのモノクローナル抗体を乳汁に発現させ，それを飲む子畜の健康の増進を図る，という取り組みもある．また，BSEのような人に感染性のある病気にかからないウシの作製を目指して，細胞のプリオンタンパク質の発現を抑制する試みもある．鳥においても同様に，2011年ケンブリッジ大学のグループが鳥インフルエンザにかかりにくい遺伝子組換えニワトリの作製を発表している[4]．畜産に伴う環境負荷を減らす取り組みもある．ブタで糞尿中に排出されるリンは環境汚染の一因であり，これを減らすために給与するアミノ酸バランスを変えた飼料や，豚舎の構造，そしてし尿処理施設などに大きな労力がはらわれている．グローバン（Golovan）ら[5]は遺伝子操作によりブタの唾液腺でフィターゼを発現することにより飼料中のリンの必要量を減らし，排出する量も減らすことができ，環境への負荷が軽減されるということを報告している．

このような食糧生産性の向上を目指した取り組みは，技術的側面でだけでなく，社会的な受容が必要である．平和で平穏な社会では，動物を遺伝的に改変してまで生産性を上げることに抵抗を感じる人も多く，1つずつの取り組みごとに政治的・社会的受容の獲得が必要である．しかし，近年の地球温暖化のように，従来の育種手法では環境の変化速度に対応することができないような場合に，耐暑性の能力の付与など，有効な遺伝子の探索や利用方法が支持されるかもしれない．

b. 畜産物の付加価値向上
牛乳を飲むとおなかが緩くなる人はわが国に多い．牛乳中の成分であるラクトース（乳糖）は低ラクトース耐性症の人には下痢のもとと

フィターゼ
植物のリン酸貯蔵化合物であるフィチンを加水分解する酵素．ブタはもともとこの酵素をもっておらず，飼料中のフィチンを利用することはできない．

なる．また，牛乳アレルギーはタンパク質摂取が必要な子供にとって大きな問題である．そのため，遺伝子操作により乳中のラクトースを軽減させた牛乳生産や，β-ラクトグロブリンの発現を低下させた低アレルゲン牛乳の生産が試みられている．前述したように，リゾチームやラクトフェリンは抗菌能力のある物質であり，自然な牛乳中にも含まれている．ヴァンバーゲル（van Berkel）ら[6]やマガ（Maga）ら[7]は，ヒト型のラクトフェリンを発現させたりリゾチーム量を増加させたりすることで，牛乳に健康増進食品として機能をもたせられると報告している．また牛乳中の脂肪を減らす試みもある．

c. 医薬分野での利用

現在のバイオテクノロジーの畜産動物への利用や研究は，本来の食品の生産よりも，市場ニーズが高く，社会的受容が得やすく，研究への投資が回収しやすい医薬分野に焦点が置かれている．

これまでの家畜の薬物生産への利用は，抗血清やマウスのモノクローナル抗体の生産，食品だけでなく薬のカプセルなどにも利用できるゼラチンやホルモンの抽出等がある．家畜のほかにも有毒生物由来の毒ペプチドには，抗血栓や血栓溶解作用等有用な機能をもつものが多い．たとえば蛇毒から抽出されたペプチドにはアセチルコリンエステラーゼ阻害効果があり，これはアルツハイマーの治療薬に利用されている．また，アメリカドクトカゲの一種の毒はインスリンの分泌を促す効果があり，糖尿病への利用が期待されている．このような人類の福祉に役立つ生物由来ペプチドは，ほかにもたくさんあると考えられる．

家畜を用いたペプチドの生産には，当初インスリンのように当該動物から抽出する方法がとられていたが，遺伝子の組換え技術によりバクテリアに生産させる方法がとられるようになっている．しかしながら，バクテリアは生産したタンパク質に複雑な高次構造を形成させることができない．すなわち，タンパク質の翻訳後修飾，たとえば糖鎖付加，リン酸化や硫酸化を行うことができない．そのため，生産されたタンパク質には生理活性が低い，半減期が短くなる，といった欠点がみられることがある．遺伝子組換え動物を用いてタンパク質を生産するメリットとして，動物細胞特有の糖鎖修飾や，タンパク質の翻訳後修飾が正確に行えることや，それに加えて安く大量に生産することができることにある．タンパク質の生産効率を考慮した場合，現在のところ血液，牛乳や卵白に対して分泌させ，ここから精製する方法が妥当であると考えられる．血液はその成分が非常に不安定で，動物の

健康状態によっても大きく変化する．一方で乳はそういったことがない．そこで，遺伝子組換え技術により，カゼインやホエイ等を利用して乳中へ特定のタンパク質を分泌させ精製する試みがいろいろな動物種で行われている．ニワトリでは遺伝子組換えが難しかったが，近年，始原生殖細胞（Primordial germ cell：PGC，側注参照）を用いて遺伝子組換えニワトリの作製が可能になった．ニワトリの卵白へのタンパク質の分泌にはオボアルブミンが利用されている．さらに得られたタンパク質の精製や活性維持方法などの開発に加えて，組換えタンパク質の生産によって動物本来の生産が影響されないか，当該タンパク質が動物に副作用や苦痛を与えるようなものではないのか，なども考慮しなければいけない．2006 年にヤギが乳中に分泌しそこから精製された組換え体ヒト抗トロンビン，ATryn が抗血栓薬としての最初の承認薬として世に出ている[8]．

医薬分野での取り組みには，薬の生産に加えて臓器移植用の組換え動物生産がある．臓器不全によって移植を余儀なくされ，脳死のドナーを待つ人は非常にたくさんいる．そこでヒトが免疫反応を起こさないように遺伝子操作したブタを作製し，移植に用いる臓器を待つ間のつなぎとして利用する試みもある．またヒトの病気のモデルとしてはマウスが用いられてきているが，体や組織の大きさ，生理機能において家畜の方がヒトに似ていることも多く，家畜を用いて疾患モデルを作製している取り組みもある．

始原生殖細胞
生殖細胞のもとになる細胞．マウスでは胚発生初期にエピブラストから派生する．

4.3　お わ り に

近年，地球規模の環境破壊や気候変動が起こり，それに伴う食糧不足が起こっている．また途上国での貧困，疾病の蔓延なども社会問題となっている．これに対応するためには持続可能で効率的な食糧生産を行い，安価で高質な医薬品を生産する必要がある．

また消費者は，安全が確認され，安心できる食料品や医薬品を求めており，それらの生産方法や効果に関する正しい情報も求めている．バイオテクノロジーは，現在あらゆる方面で急速に進歩しており，毎年，生物の新機能やそれを司る分子的メカニズムも解明されている．そのため，新しいバイオテクノロジーを用いた物質には，それを活用する産業界と消費者との間で，正しい生物の知識を基盤にした連携が不可欠になる．

21 世紀は，正しい共通した理念のもと，あらゆる方面で新しいバイオテクノロジーを開発し活用していくことが，人類の直面している

問題を解決する糸口になるだろう．

文　献

1) 高橋芳幸他（2010）：家畜人工授精講習会テキスト，家畜改良事業団．
2) Wall, R. J.（1996）：*Theriogenology*, **45**：57-68.
3) Wall, R. J., *et al.*（2005）：*Nat. Biotechnol.*, **23**：445-451.
4) Lyall, J., *et al.*（2010）：*Science*, **331**：223-226.
5) Golovan, S. P.（2001）：*Nat. Biotechnol.*, **19**：741-745.
6) van Berkel, P. H., *et al.*（2002）：*Nat. Biotechnol.*, **20**：484-487.
7) Maga, E. A., *et al.*（2006）：*J. Dairy. Sci.*, **89**：518-524.
8) Schmidt, C.（2006）：*Nat. Biothechnol.*, **35**：877.

⑤ 水産におけるバイオテクノロジー

〔キーワード〕 染色体操作，倍数化，雌性発生，全雌生産，クローン化，トランスジェニック，借り腹

5.1 水産におけるバイオテクノロジーの発展

　わが国における近年の水産養殖の生産量は120万t前後であり，全漁業生産の約20%を占める．養殖生産のうち魚類養殖と貝類養殖が占める割合はそれぞれ約20%，35%である．代表的な養殖対象魚種をあげると，海産魚ではブリ（ハマチ），マダイ，ヒラメ，トラフグ，シマアジ，淡水魚ではアユ，コイ，ニジマス，海と川を回遊する魚種でウナギやギンザケ，主要な貝類ではホタテガイやマガキ（通称カキ）がある．最近では，市場価値の特に高いクロマグロやハタ類の養殖も始められている．このように多様な種が生産されている点が，畜産と違う水産養殖の1つの特徴である．マガキ養殖が1930年代からわが国で始まったものの，海産魚の養殖の歴史は，養殖が最初に始められたハマチでさえも50年程度であり，畜産とは比較にならないほど歴史が浅いことも特徴である．そのため，品種開発を目的とした選抜育種が行われている魚種はマダイなど数種に限られているのが現状である．このようなことから，短期間のうちに高成長や耐病性の系統を作出することを目的として，1980年代に水産分野では最初のバイオテクノロジー技術として，染色体操作技術の開発が推進された．染色体操作は動物のなかでも魚類だけに適応可能な技術で，極体の放出や卵割を操作することにより，三倍体や雌だけの種苗を作製すること，あるいは優良個体のクローン集団をつくることが可能である．
　一方，組換え遺伝子技術や発生工学などのバイオテクノロジー技術が1980年頃から急速に発展し，マウスなどの哺乳類でもトランスジェニック動物の作製が可能となり，組換え成長ホルモン遺伝子を組み込んだ高成長型トランスジェニックマウス（スーパーマウス）が作製さ

れ注目された．これが契機となり，魚類でもトランスジェニック技術の応用が試みられるようになった．1994 年にはカナダの研究グループにより組換え成長ホルモン遺伝子を導入したトランスジェニックサーモン（スーパーサーモン）が作出された．このトランスジェニック系統は，成長速度が野生種に比べ数倍早く，かつ少ない飼料で育つなどの特徴がある．最近，米国で遺伝子組換えタイセイヨウサケの食品としての承認申請が行われ，食品医薬局（FDA）により人間が食べても安全性に問題ないとの評価がまとめられている．承認されれば動物で最初の遺伝子組換え食品となるが，現在のところ承認までには至っていない．養殖技術の改良により，最近，これまで困難とされていたクロマグロやウナギでも，世代を繰り返して人工飼育し種苗を生産する完全養殖に成功している．染色体操作やトランスジェニック技術は既に実用段階に到達しており，現在ではすべての養殖対象魚種でバイオテクノロジーの技術を応用することが可能な状況だといえる．最近，注目されている新しい魚類のバイオテクノロジー技術に，生殖細胞を別種の魚の生殖巣を使って生産する借り腹と呼ばれる技術がある．この章では魚類の染色体操作，トランスジェニック技術，借り腹技術について，原理とその応用について紹介する．

5.2 染色体操作

　有性生殖をする動物では，生殖細胞の形成過程で 1 対（2 コピー）ある染色体が減数分裂により半減して 1 コピー（半数体）となり，受精により再び 2 コピー（二倍体）に戻る．染色体操作は，卵の減数分裂で起こる極体の放出や第一卵割を水圧あるいは温度ショックで阻害する倍数化処理を行うことにより，染色体のセット数を人為的に操作する技術である．この技術を応用すると，雌だけの種苗を作ったり，クローン系統を作ることが可能である．

a. 減数分裂と受精

　生殖細胞の減数分裂は基本的に生物普遍的な現象であり，生物種によって受精のタイミングは異なるものの，図 5.1 を使って，減数分裂と第一卵割の仕組みと魚類卵における極体放出と受精のタイミングを説明する．この図は，細胞が 1 対の相同染色体（母型由来を黒：父型由来を灰色）だけをもっているものと仮定して単純化してある．実際の染色体数は魚種によって違うが，メダカでは 24 対，ゼブラフィシュでは 25 対，トラフグでは 21 対である．間期に相同染色体が 2 コピー

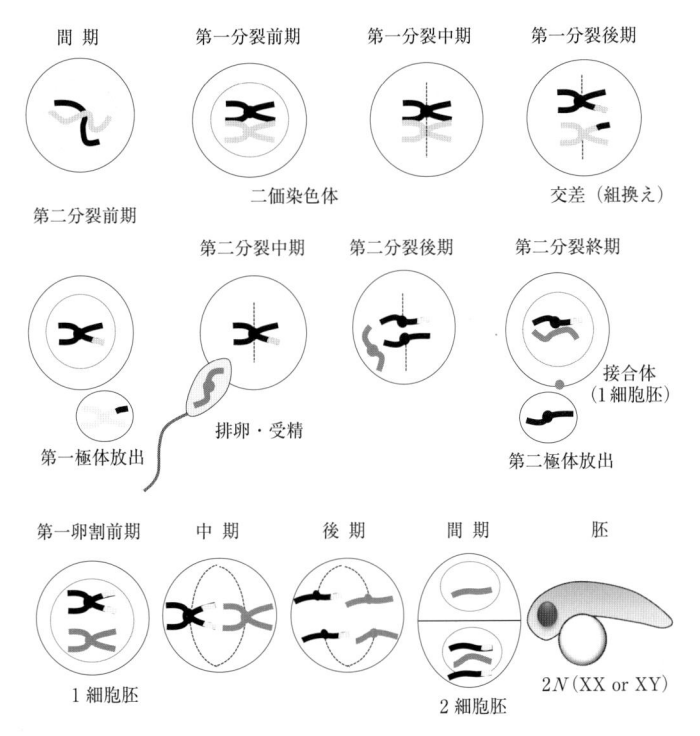

図 5.1 卵細胞の減数分裂と受精，第一卵割

であったものが，減数分裂では第一分裂前期に染色体が複製され，複製によってできた4つの染色体コピーは整列して二価染色体を形成する．二価染色体のときに重なった染色体コピー間で交叉（組換え）が発生する．次に細胞は分裂し，染色体は1対（2コピー）ずつ2つの細胞に分配される．卵発生ではこのときに1つの細胞だけが卵細胞として発生を続け，もう一方は第一極体として放出されやがて消失する．魚類を含む脊椎動物一般では，卵は第一極体放出後の減数分裂第二分裂中期で細胞分裂を中断して，体外に放卵される．受精が起こると一時的に染色体は卵の2セットと精子の1セットの合計3セットとなる．受精の刺激により，卵細胞は第二分裂を再スタートし，染色体を1コピーもつ2つの細胞に分離する．このときにやはり片方の細胞は第二極体として細胞外に放出され，卵自体は初めて半数体となる．卵に進入した精子核は雄性前核となり，卵の核は雌性前核となる．2つの前核は接近して接合体（1細胞胚）を形成する．生物種によって精子が卵によって受け入れられるタイミングが異なり，貝類は一般に減数分裂第一分裂中期で放卵され受精するが，種によってはウニ類と同様に減数分裂第二分裂終期で受精する種もある．

1細胞胚はすぐに染色体の複製を始め，一時的に4コピーの染色体を形成し，最初の細胞分裂（第一卵割）が起こる．第一卵割では，複製された染色体は2セットに分配されて両極に移動し，両者の間に細

胞膜が形成されて2細胞胚となる．

ここで，染色体操作を理解するうえで重要なポイントが2つある．1つは，卵の減数分裂では核分裂の際に，片方の染色体セットが極体として卵細胞から放出されることである．もう1つは，減数分裂では第一分裂中期に母型と父型の染色体間で交叉が発生し，交叉が起こった染色体は元の染色体の一部が対の染色体と置き換わっていることである．

b. 倍数化処理と三倍体，四倍体

倍数化処理（ploidy manipulation）は，受精後に起こる第二極体の放出，あるいは第一卵割を物理的操作で阻止することにより，胚の染色体セットを倍数化する染色体操作技術である．受精直後の卵に低水温（0℃，40分程度）あるいは高水温（30℃，5分程度）による温度ショックを与えると，第二極体の形成が阻止され，本来なら極体として放出されるはずの染色体1セットが受精卵のなかにとどまり，染色体が1セット増えることになる（図5.2）．極体の放出は，水圧処理（600〜700 kg/cm^2）によっても阻止することができる．このような操作は第二極体放出阻止型（retention of 2nd polar body）の倍数化処理と呼ばれる．正常な受精卵に極体放出阻止型の倍数化処理を行うと，卵核由来の染色体を2セットと精子核由来の染色体を1セット，合計3セットの染色体をもった三倍体ができる．

貝類の場合，第一極体放出と第二極体放出のいずれかの阻止が可能であり，異型接合度の増大は前述のように，交叉（組換え）によって，理論的に第一極体放出阻止の方が大きく，いろいろな形質改善効果を生むことが期待できる．

マガキの三倍体
養殖カキは春から夏の配偶子形成・産卵シーズンを終えてグリコーゲンが蓄積し始める秋以降が一般的な出荷シーズンだが，広島では不妊化によって夏でもおいしく食べられる三倍体のカキが商品化されている．

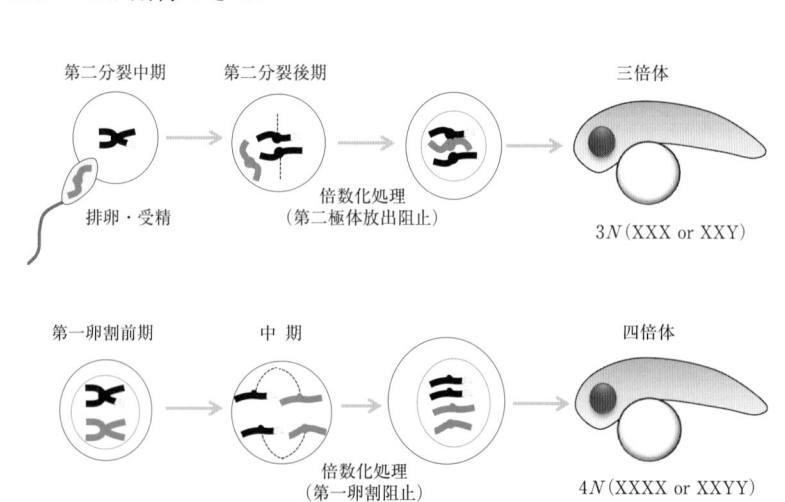

図5.2 倍数化処理による三倍体と四倍体の作製

第一卵割を水圧で阻止することによっても，染色体セットを倍加することができる（図5.2参照）．この方法は，第一卵割阻止型（first suppression of cleavage）の倍数化処理と呼ばれる．正常な受精卵に卵割阻止型の倍数化処理を行うと，卵核由来の染色体2セットと精子核由来の2セットをもった四倍体が得られる．

　三倍体の性染色体の組合せは，卵核由来の2セット（XX）と精子核由来の1セット（XかY）であるので，XXXかXXYとなる．魚類ではXXYの雄は性成熟して精子を形成するが，XXXの雌は卵発生が進行しないためまったく卵を形成しない不妊魚となる．アユは，受精後1年で性成熟して産卵し，産卵後に死ぬ年魚である．不妊化されたアユ三倍体の雌は，性成熟しないために1年では死なずに最長で3年生きる．そのため体長も通常のアユよりも大きくなる．一方，三倍体の雄は精子形成を行い，二倍体雄と同じように1年で死んでしまう．このようにアユでは，三倍体の雌は産業的な利用価値が高い．四倍体は雌雄とも稔性である．原理的には，この特性を利用して，四倍体と二倍体を交配することにより，安定的に三倍体を作出することが可能である．

c. 雌 性 発 生

　雌性発生（gynogenesis）は，紫外線照射によりゲノムを不活化した精子と正常卵を授精したあと，第二極体放出阻止法あるいは第一卵割阻止法で倍数化処理を行うことにより，卵核由来の染色体だけをもつ個体を作出する技術である（図5.3）．雌由来の染色体だけで発生

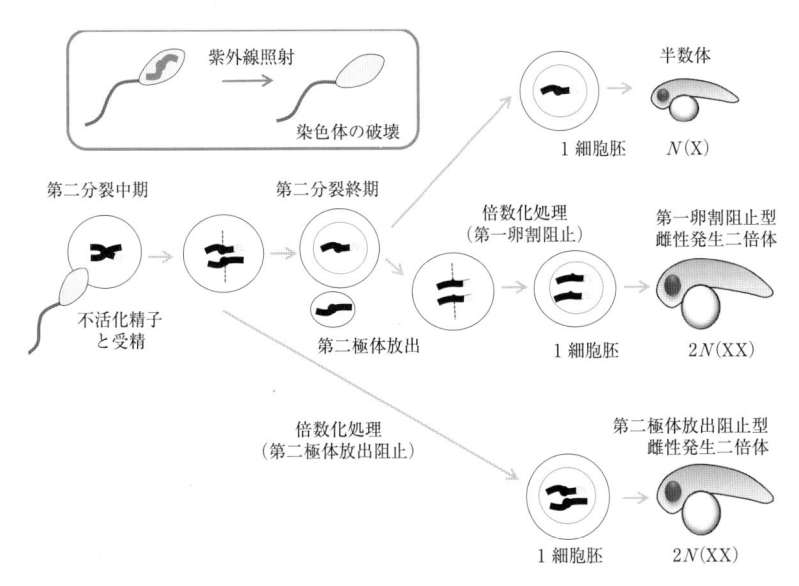

図 5.3　雌性発生

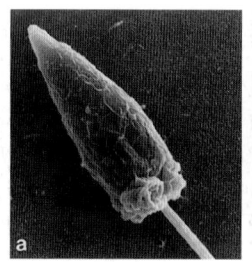

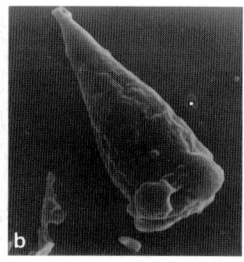

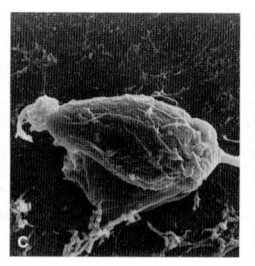

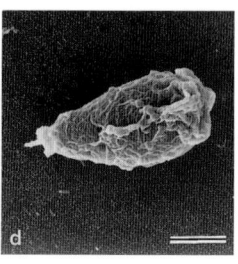

図 5.4 紫外線照射によるホタテガイ精子の形態的損傷（Qi Li *et al.* 2000）
a は正常精子.

するため，この技術は雌性発生と呼ばれ，倍数化により二倍体として誕生した子供は，性染色体の組合せが XX のためすべて雌となることが特徴である．まず不活化精子の準備であるが，雄の腹を絞って集めた精子に紫外線を照射し，ゲノム DNA を断片化することにより染色体を破壊する．高エネルギー波である紫外線の精子への照射は，ゲノム DNA の物理的な破壊のみならず，図 5.4 に示すように精子の構造の異常も引き起こし受精率の低下を招くことから，その照射量の調節には十分な注意を要する[1]．紫外線処理した精子の染色体は複製能を失うが，精子自体が受精して第二極体の放出や卵割を刺激する性質は保持される．不活化した精子で正常卵を媒精し，そのまま発生すると卵核のみの染色体を 1 セットもった一倍体性の胚が誕生する．このような胚は半数体と呼ばれ，正常胚よりも小さく，発生異常により孵化までにすべて死亡する．

ところが，不活性化精子との媒精直後に第二極体放出阻止法で倍数化処理すると，卵核由来の染色体を 2 セットもつ生存性の二倍体胚が得られる．この方法は第二極体放出阻止型雌性発生と呼ばれる．第一卵割を阻止することでも半数体胚から二倍体胚を作製することが可能で，第一卵割阻止型雌性発生と呼ばれる．2 つの方法とも，それぞれの魚種ごとに最適な温度や水圧，処理する時期と時間を検討する必要がある．加えて成功した場合でも胚の生残率は低く，ごく一部の個体が性成熟まで生残するだけであり，雌性発生による雌の大量生産は難しい．特に卵割阻止型雌性発生は困難である．しかし雌性発生を応用することにより，全雌化やクローン系統の作出が可能であり，雌性発生技術は魚類のバイオテクノロジーで重要な技術の 1 ひとつである．なお魚類以外の脊椎動物では卵核と精子核の両方がないと胚は正常発生しないため，雌性発生は応用できない．雌性発生は魚類に固有なバイオテクノロジー技術である．

d. 全雌生産

　全雌生産（all female）技術は性転換技術と染色体操作を組み合わせることによって，すべて雌の子供集団を作る方法である（図5.5）．魚類の始原生殖細胞は，受精後数ヶ月目の稚魚期に雌では卵原細胞に，雄では精原細胞に分化する．生殖細胞が分化する時期の稚魚を雌性ステロイドホルモンであるエストロゲンと薬浴すると，遺伝的雄（XY）でも始原生殖細胞は卵母細胞に分化して卵を形成する．逆に，稚魚を雄性ステロイドホルモンであるテストステロン，あるいは合成ホルモンであるメチルテストステロンと薬浴すると，遺伝的雌（XX）でも始原生殖細胞は精原細胞に分化して精子を形成する．このように魚類の性はホルモン処理によってコントロールすることが可能で，性転換技術と呼ばれる．遺伝的雌（XX）をホルモン処理で性転換したものは偽雄（masculinized genetic female, XX male）と呼ばれ，得られる精子はすべてX染色体をもつ．雌性発生で得られた稚魚は，すべて遺伝的雌（XX）であるため，メチルテストステロン処理すると全個体が偽雄となる．偽雄を通常の雌と交配すると，二倍体性の全雌の子供集団が得られることになる．

　稚魚期に雌雄が区別できれば，雄の稚魚を選抜して偽雄とすればよく，わざわざ技術的に困難で時間のかかる雌性発生を行って偽雄を準備する必要はないのであるが，魚類は外性生殖器をもつ哺乳類と違って，性成熟するまで外見的に雌雄は判別できない．また性決定遺伝子は小型魚類のメダカで見つけられているが，それ以外の魚種ではまだ同定されていないため，養殖対象魚種ではPCR等の遺伝子解析を使って性決定遺伝子の有無で雌雄を判別することもできない．このように現在のところ稚魚の時期に雌雄を判別することは不可能で，そのため

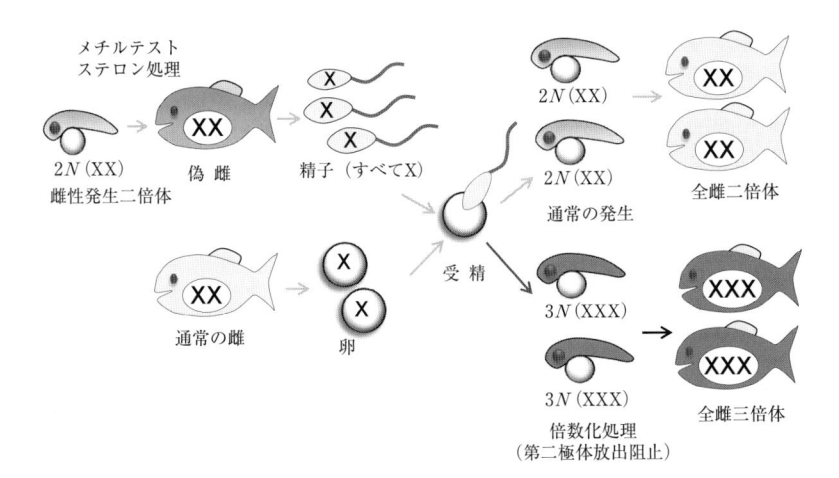

図5.5 全雌生産

偽雄を準備するためには，一度，雌性発生により遺伝的雌（XX）の集団を作製して，ホルモン処理して性転換する必要がある．

このように偽雄の精子と通常の卵を媒性すると全雌二倍体になるが，媒性後に第二極体放出阻止型雌性発生を行うと，性染色体の組合せがXXXの子供集団が得られる．この操作は全雌三倍体生産（all female triploidy）技術と呼ばれ，作製された子供はすべて三倍体性の雌で，かつ全個体が不妊となる特徴がある．

マダイやヒラメを含め多くの海産魚類は雄よりも雌の成長が早いため，全雌種苗を使うと出荷サイズまでの飼育期間を短縮できる．またサケ・マス類では，卵がイクラとして利用されるため，雌の市場価値が高い．したがって全雌化技術は高成長型の養殖種苗やイクラの効率的な生産などに利用でき，水産分野では応用価値の高いバイオテクノロジーの技術である．全雌三倍体生産技術は，アユで有効で，不妊の三倍体性全雌種苗はすべての個体が1年以上生存するため，冬場の端境期にも養殖アユを計画的に出荷することが可能となる．

e. クローン魚

クローン化技術は，雌性発生を2世代繰り返すことにより，遺伝的に均一なクローン家系を作出する技術である．図5.2で，第二極体放出阻止型雌性発生と第一卵割阻止型雌性発生後の1細胞胚の染色体構造を比較すると，極体放出阻止型の場合，組換えの影響により部分的に父親由来と母親由来の染色体がヘテロ接合体を形成していることがわかる．一方，卵割阻止型では，体細胞分裂（組換えは起こらない）によって複製した染色体が対を形成するため，完全なホモ接合体となる．ただし卵割阻止型で得られた卵でも，組換えが起こった位置が卵ごとに異なるため，1匹の雌から得られた子供でも遺伝的に均一ではない．第一卵割阻止型雌性発生で得られた稚魚を性成熟まで育てて採卵し，1個体から集めた卵に対して再度雌性発生を施すと，その子供は親と遺伝的に完全に同一なホモ接合型のクローン集団となる（図5.6）．二度目の雌性発生は，原理的には第二極体放出法でも第一卵割阻止法でもよいが，通常，成功率が高い第二極体放出法が用いられる．このように雌性発生を2世代繰り返すことにより，魚類ではホモクローン系統を作出できる．すべての個体が遺伝的雌（XX）であるため，系統を維持するためには，一部を偽雄に変換してクローン集団を維持する必要がある．雌性発生の技術自体が困難でかつ大規模な施設を必要とするため，クローン魚作製の成功例はヒラメとマダイなどの少数例に限られている．この技術は，高成長や耐病性などの優良形

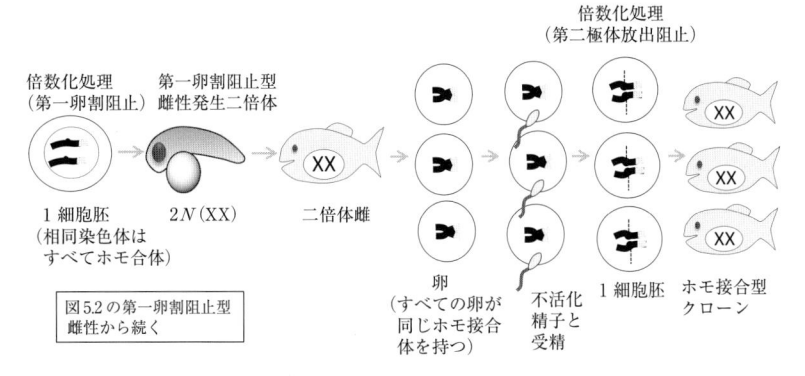

図5.6 クローン魚の作製

質をもつ個体のクローンを作って養殖に利用することを目的として開発された．二世代で純系が作製され，品種改良が大幅に短縮されることが期待されるが，劣勢の有害形質もホモ化して顕在化するため致死的となったり，生残率が悪い等の弊害が発生することがある．そのため，クローン化技術により優良系統が樹立された事例は限られている．

5.3 トランスジェニックフィシュ

人為的に新しい形質を生物に付与する技術として，外来の組換え遺伝子をゲノムに組み込むトランスジェニック技術がある．組換え遺伝子の構造は，通常，導入したい遺伝子（高成長型なら成長ホルモン遺伝子）の上流に，発現させたい組織に特異的（たとえば肝臓）に発現する遺伝子のプロモーターが連結されている（図5.7）．下流には導入したい遺伝子の3'非翻訳領域，あるいはSV40のポリAシグナルが結合されている．トランスジェニック動物の作製では，組換え遺伝子を受精卵の細胞質に顕微操作で注入する必要がある．導入した遺伝子は卵割中に，染色体に組み込まれる．魚卵のサイズは多くの魚種で直径1 mm程度であり，哺乳類の卵と比べてかなり大きく，魚類卵へ

組織特異的プロモーター：
　導入する遺伝子を発現させたい組織に特異的に発現する遺伝子のプロモーター．OnMTGH1の場合，メタロチオネインのプロモーター．
導入遺伝子：
　導入したい遺伝子のタンパク質コード配列．OnMTGH1の場合，サケ成長ホルモン遺伝子のコード領域．
3'非翻訳領域：
　ポリA付加配列を含む非翻訳領域．OnMTGH1の場合，サケ成長ホルモン遺伝子の3'非翻訳領域．

図5.7 トランスジェニックフィシュ作製で用いられる組換え遺伝子の構造

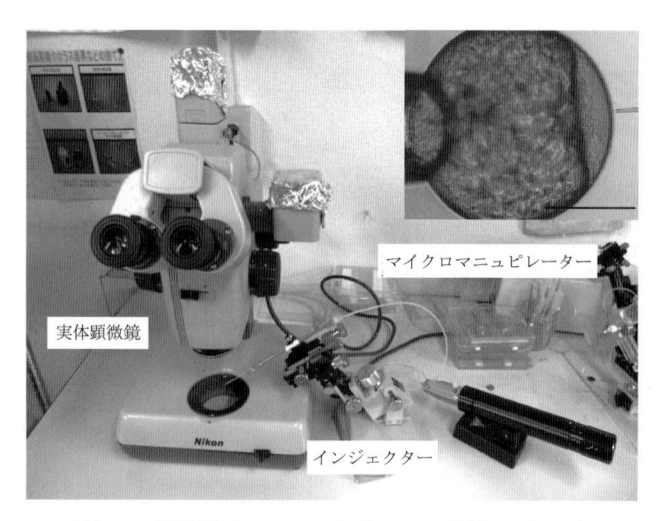

図5.8　顕微注入システムと卵への顕微注入（右上）

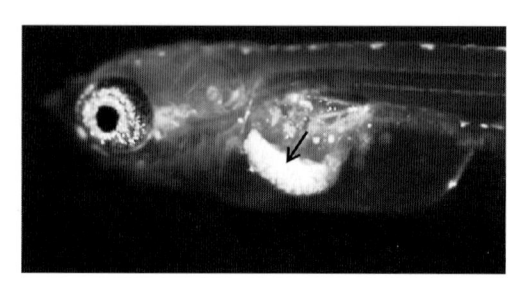

図5.9　エストロゲンにより肝臓が蛍光発光するトランスジェニックメダカ（Kurauchi *et al.* 2008）

の顕微注入操作は比較的容易である．装置としても実体顕微鏡，マイクロマニピュレーターと手動型マイクロインジェクターがあれば，顕微注入を行うことができる（図5.8）．また体外発生のため，顕微注入した胚はそのあとマウスなどと違って特別な操作をしなくても飼育水中に戻せば発生を続ける．このように魚類はトランスジェニック技術を行うのに適した特性をあわせもっている．また魚類の胚と仔魚は体が透明であるため，組織特異的に働くプロモーターと緑色蛍光タンパク質（GFP）遺伝子をつないだ組換え遺伝子を導入したトランスジェニックフィシュ（遺伝子組換え魚）を作製すれば，特定の細胞の体内での挙動，あるいは組織発生をライブイメージで観察することが可能である（図5.9）．そのため特に発生分野で利用される例が多く，モデル生物であるゼブラフィシュやメダカを使って種々のプロモーターと連結した組換えGFP遺伝子を導入した多数のトランスジェニック系統が作製されている．また養殖対象魚種でも高成長や耐病性の形質を人為的に付与したトランスジェニック系統がいくつか作製されている．

　外来遺伝子のゲノムへの組込みであるが，1細胞胚の細胞質に顕微

注入してもすべての細胞のゲノムに遺伝子が導入されるわけでなく，卵割中に一部の細胞で組み込みが起こるだけである．そのため顕微注入を行った世代（P_0）では，外来遺伝子が組み込まれた細胞は，体細胞と生殖細胞にモザイク状に存在することになる．また外来遺伝子がまったく組み込まれない個体も結構な比率で生じる．そのため P_0 個体が成長した段階で，ヒレの一部を採取してゲノム DNA を抽出し，遺伝子が組み込まれた個体を PCR で選抜する必要がある．選抜した個体では，卵原細胞あるいは精原細胞の一部にも外来遺伝子が導入されていることになる．選抜した個体を通常の個体と交配し，F_1 の子供を育てる．F_1 からやはり PCR で外来遺伝子を組み込んだ個体を選抜する．うまくいけば 10〜50% 程度の比率で導入個体が得られる．この時点で選抜された F_1 個体は，全細胞に導入遺伝子が組み込まれており，さらに交配を繰り返すことにより安定したトランスジェニック系統を樹立できる．組み込んだ外来遺伝子は，優性の形質としてメンデル遺伝する．なお外来遺伝子が染色体に組み込まれる位置はランダムで，ゲノムに組み込まれる導入遺伝子のコピー数も顕微注入した個体によりまちまちである．それにより導入した遺伝子の発現強度が系統により異なるため，複数の系統を作ってそのなかから有用な系統をスクリーニングする必要がある．

a. 水産におけるトランスジェニックフィッシュ

養殖対象魚類では，1994 年に高発現型の組換え成長ホルモン遺伝子を導入したトランスジェニックギンザケがカナダの研究グループによって作製され，成長速度が 10 倍にも促進されることが報告された（図 5.10）[2]．このトランスジェニック系統で導入された組換え遺伝子（OnMTGH1）は，サケ成長ホルモン遺伝子の上流に肝臓で高発現するメタロチオネインのプロモーター（サケゲノム由来）が連結されている（図 5.7 参照）．本来，成長ホルモンは脳下垂体で合成分泌されるが，このトランスジェニックサケでは，脳下垂体からの自身の成長ホルモンに加えて，肝臓で異所的に導入遺伝子から成長ホルモンが合成され，合成されたホルモンは肝臓から血中に放出される．肝臓は脳下垂体に比べるとサイズがはるかに大きいため，トランスジェニックサケでは成長ホルモンが大量に分泌される．そのため体成長が著しく促進され，成体サイズに到達するまで期間が数分の 1 程度に短縮される．最大体長は野生種と違わないが，トランスジェニック系統では出荷までの飼育期間が大幅に短縮され，そのぶんコストやエネルギー，飼料タンパク質を節約できるメリットがある．

サケの回遊と成長ホルモン

サケ科魚類は，その生活史において産卵のための河川への遡上，およびふ化後の降海をするために，淡水と海水両方への適応ができる両側回遊魚としての特性をもっている．降海する際には成長ホルモンがさかんに分泌され，鰓での Na^+, K^+ ATPase を活性化する海水適応ホルモンとして働く．同時に，インスリン様成長因子 I（IGF-I）を介した成長も促進する．サケ科魚類が海水飼育で成長がよいのはそのためといわれている．

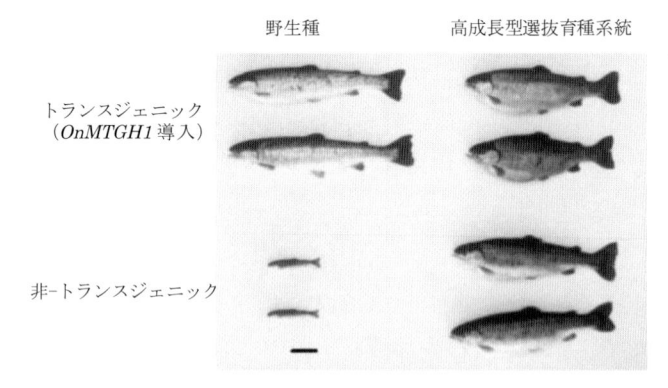

図 5.10 組換え成長ホルモン遺伝子のニジマス野生種と高成長型選抜育種系統への導入効果(Devlin et al. 2001)

　もう1つのトランスジェニックサケの例として低水温でも成長する系統が作製されている．北極海に棲むゲンゲの仲間では，氷点下でも血液が凍らないように，肝臓からアンチフリージング・タンパク質が血中に分泌されている．この遺伝子のプロモーターは低温下でも転写効率が高い．ゲンゲのアンチフリージング・タンパク質遺伝子のプロモーターとサケ成長ホルモン遺伝子を連結した組替え遺伝子を導入したトランスジェニック・タイセイヨウサケの系統は，低水温下でも肝臓から成長ホルモンを大量に分泌して成長を続ける．そのためこの系統は北米の寒冷地での養殖に適し，野生種の約半分の養殖期間で市場サイズとなる．このトランスジェニック系統は実用化が図られており，市場への流通が検討されている．

　トランスジェニック技術による成長促進化効果は万能ではなく，選抜育種で作出された高成長型ニジマス系統に *OnMTGH1* を導入しても成長促進効果は認められないことが報告されている(図5.10参照)[3]．家畜化されたブタでも成長ホルモン遺伝子導入による成長促進効果は期待できない．その理由は，選抜育種の過程では生物が潜在能力としてもつ成長速度の最大値を引き出すように淘汰されており，それらに成長ホルモンを人為的に追加してもそれ以上に成長は促進されないということらしい．海産養殖魚種では，現在のところ選抜育種が行われているのはマダイとヒラメだけで，それ以外の魚種ではトランスジェニック技術による成長促進効果が期待できる．

　トランスジェニックフィシュを含め遺伝子組換え生物(genetically modified organisms；GMO)の取り扱いは，「遺伝子組換え生物等の使用等の規制による生物の多様性の確保に関する法律」(カルタヘナ法)による規制を受ける．カルタヘナ法は，2003年に締結された遺伝子組換え生物の取り扱い関する国際的ルールである．そのなかで

GMOの飼育施設からの逃避を防ぐ拡散防止策を講じることが義務づけられている．トランスジェニックフィシュの場合，環境への逃避と組換え遺伝子の野生種への伝搬を防止する義務がある．トランスジェニックフィシュを養殖に利用する場合，全雌三倍体技術で不妊化した種苗を用いることにより，組換え遺伝子の野生種への伝搬を防ぐことが可能で，実際に全雌三倍体を養殖種苗として使うことが考案されている．

b. トランスジェニックフィシュを使った環境モニタリング

養殖以外でのトランスジェニックフィシュの実用化例として，環境ホルモン（内分泌攪乱化学物質）の生物モニタリング技術がある．エストロゲン様の雌化活性をもつ環境ホルモン（エストロゲン様化合物：ビスフェノールA，メトキシクロル等の化合物）に反応して肝臓がGFPで発光して汚染を知らせるトランスジェニックメダカがすでに実用化されている（図5.9参照）[4]．このトランスジェニックメダカの最大の特徴は，生きたメダカを使って，飼育水中のエストロゲン様化合物による汚染を蛍光発光により可視化してモニターできる点である．

エストロゲン様化合物が雌化を引き起こす仕組みであるが，エストロゲン様化合物が核内受容であるエストロゲン受容体に結合し，エストロゲン受容体が転写調節する雌特異的タンパク質（ビテロゲニン，コリオジェニン）の合成を誘導することにある．このような反応は，成熟した雌だけでなく，仔魚や雄でも起こるため，環境ホルモンによる雌化が問題となる．実際の体内では，水に含まれるエストロゲン様化合物が魚体内に浸透すると，環境ホルモンは肝細胞内で発現しているエストロゲン受容体に結合し，次に受容体はビテロゲニンやコリオジェニン遺伝子のプロモーターにあるエストロゲン応答配列に結合して転写を活性化する．合成された雌特異的タンパク質は血液中に分泌される．

環境モニタリング用のトランスジェニックメダカに導入された組換え遺伝子は，GFP遺伝子の上流にコリオジェニンのプロモーターを連結してあり，エストロゲン様化合物に応答して肝臓でGFPが転写，翻訳されて緑色に蛍光発光する．GFPの蛍光強度は飼育水中のエストロゲンや環境ホルモンの濃度に依存して上昇するため，このトランスジェニック系統を使うと，単に環境ホルモン汚染の有無を判定するだけでなく，発光強度を指標にして水中の環境ホルモン濃度を測定することも可能である．

5.4 借り腹技術

　最近開発された新しい魚類のバイオテクノロジー技術に，始原生殖細胞の移植による借り腹（surrogate broodstock）技術がある．始原生殖細胞を別の魚種の生殖巣に移植することにより，生殖細胞を異種の生殖巣内で生産することができるため，借り腹と呼ばれている．始原生殖細胞は卵と精子の前駆細胞で，胚発生で腹側の胚盤葉で分化したのち，胚内を生殖巣に向かって移動して生殖巣内に進入して生着する．生殖巣内に生着した始原生殖細胞は，稚魚期に卵原細胞あるいは精原細胞に分化する．ドナー胚から始原生殖細胞を分離して別のホスト胚に細胞移植すると，移植した始原生殖細胞もこの経路に従ってホスト胚内を生殖巣まで移動して生着し，少なくともホストが雄の場合には精子にまで分化する．このような始原生殖細胞の胚移植は，同種間だけでなく異種のニジマスとヤマメ（互いに近縁種である）でも成立することが実験的に証明されている（図5.11）[5]．この実験では，ドナーのニジマス胚から取り出した始原生殖細胞をホストのヤマメ胚に移植し，ニジマス始原生殖細胞がヤマメ胚の生殖巣に正着し，さらに精子にまで成熟している．得られたニジマス精子は機能的にも正常で，ニジマス卵と媒性すると正常なニジマスが発生することが示されている．すなわち借り腹により，ニジマス精子がヤマメ精巣で形成されるのである．このように移植した生殖細胞が異種生物の生殖巣で生殖細胞にまで発生し，次世代を形成したのは，全動物のなかでも初めての例である．借り腹技術は，将来，マグロの生殖細胞を近縁種で小型のサバを使ってつくり，マグロ種苗を生産するような新しいバイオテクノロジー技術に発展することが期待されている．また希少種や有用系統を始原生殖細胞の状態で凍結保存し，必要なときに解凍して個

生殖細胞の可塑性
　借り腹技術では，ドナーの始原生殖細胞のほかに，A型精原細胞の近縁種のホストへの移植・生着も確認されている．しかも，ホストの生殖巣の性に依存して再分化することで，卵にも精子にもなる．

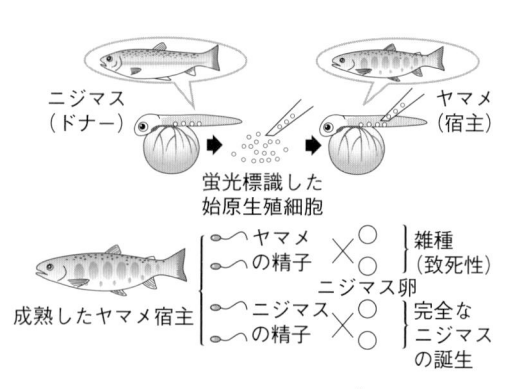

図 5.11 借り腹技術[4]

体に復元することも可能であり，種や系統の保存技術としての応用も期待されている．

文　献

1) Qi Li *et al.* (2000)：*Aquaculture*, **186**：233-242.
2) Devlin, R. H., *et al.* (1994)：*Nature*, **371**：209-210.
3) Devlin, R. H., *et al.* (2001)：*Nature*, **409**：781-782.
4) Kurauchi, K., *et al.* (2008)：*Mar. Pollut. Bull.*, **57**：441-444.
5) 吉崎悟朗（2004）：科学技術振興機構報，第 97 号.

6 食品産業におけるバイオテクノロジー

〔キーワード〕 発酵食品,酵素利用,異性化糖,キモシン,アスパルテーム,細胞融合,真菌の組換え DNA 技術,固定化生体触媒,バイオリアクター

6.1 食品における微生物・酵素の利用

　食品の製造には,多くの微生物や酵素がかかわっている.わが国日本で伝統的に醸造が行われてきたみそ,醤油や清酒の醸造技術は,まさに食品産業におけるバイオテクノロジーの根底といえるであろう.本節では,伝統の醸造技術が発展し,発酵食品の製造や醸造で広く使用されている微生物や酵素の利用技術,最近の遺伝子を活用した種々の最新技術を紹介する.

a. 発酵食品への微生物の利用

　私たちの日常の食卓には,みそ,醤油,清酒等各種の発酵食品 (fermented foods) が登場する.ファーストフードや市販の加工食品等にも醤油やみそ等の発酵調味料が用いられて,私たち日本人は意識する,しないにかかわらずに発酵食品を日常的に食している.海外でも日本食の良さが認識され,醤油等の調味料は世界的に広まっている.みそ,醤油,清酒等の発酵食品の製造工程を考えてみると,大豆,麦,米等の穀物原料の成分を微生物が分解し,アミノ酸,糖,アルコール等の旨味や香気の成分に変換しているのが,発酵の途中で進行している現象である.

　ところで,発酵食品の製造にかかわる微生物にはどのようなものがあるのだろうか.身近な発酵食品を例にとってみると,みそ,醤油は大豆と小麦を食塩とともに発酵槽に仕込むと,発酵熟成の途中で麹菌（こうじきん）(*Aspergillus oryzae*) の酵素が原料成分を分解し,やがて好塩性酵母や好塩性乳酸菌が繁殖してくると,有機酸エステルやアルコール等の香味成分が生成し,たいへんに豊かな味と香りをもつ発酵食品が

6.1 食品における微生物・酵素の利用

表 6.1 発酵食品と微生物

発酵食品	おもな微生物
みそ	麹菌，好塩性酵母，好塩性乳酸菌
醬油	麹菌，好塩性酵母，好塩性乳酸菌
清酒	麹菌，酵母
納豆	納豆菌
漬け物	乳酸菌
みりん	麹菌，酵母
酢	酢酸菌
ワイン，ビール	ワイン酵母，ビール酵母
パン	パン酵母
チーズ	乳酸菌，青カビ
ヨーグルト	乳酸菌

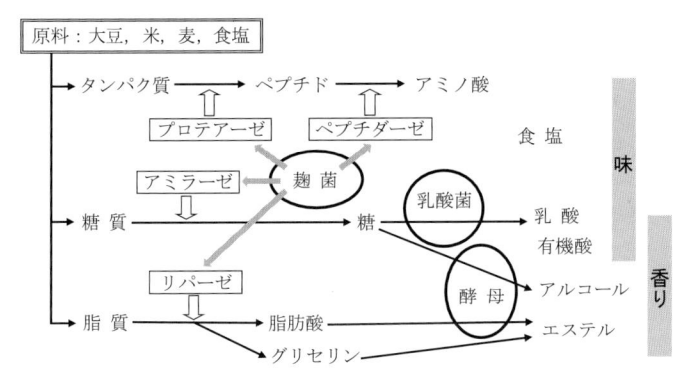

図 6.1 みその発酵熟成中の微生物の働き

好塩性微生物

みそ・醬油などの発酵食品には高濃度の食塩が使用されているので，発酵微生物は食塩の存在下でよく生育する．高濃度の食塩存在下で増殖するものを好塩菌（halophile）とよぶ．醬油乳酸菌である *Tetragenococcus halophilus* は食塩濃度 5〜10% で最もよく生育し，食塩濃度 24% でも生育できる．醬油酵母の *Zygosaccharomyces rouxii* も好塩性酵母であり，食塩濃度 23% 程度まで生育することができる．イスラエルの死海に代表される塩湖や天日塩田などの高濃度食塩の環境には飽和食塩濃度でも生育する微生物が存在するが，私たちに身近なみそや醬油などの醸造中にも，好塩性微生物が生息し，大いに活躍している．

できあがる．清酒では，麹菌のデンプン分解酵素がグルコースを生成し，清酒酵母（*Saccharomyces cerevisiae*）がグルコースからアルコールを生産する．日本には独特の発酵食品が多く作られており，その発酵過程では多くの微生物が働いている．納豆には納豆菌（*Bacillus subtilis*）が，漬け物には乳酸菌，酢には酢酸菌，みりんには麹菌と酵母が主要な微生物である．欧米原産の発酵食品でも，ワイン，ビール，パンにはそれぞれ酵母の作用が欠かせず，チーズやヨーグルトの発酵乳製品では，乳酸菌がおもな微生物であり，一部のチーズ製品には青カビが用いられている（表 6.1）．

発酵食品の発酵熟成での，微生物の働きをもう少し詳しくみてみよう．例としてみその発酵熟成をみると，図 6.1 のように，麹菌がプロテアーゼやペプチダーゼ等のタンパク質分解酵素，デンプン分解酵素であるアミラーゼ，脂質分解酵素リパーゼを生産し，これらの麹菌酵素によって，原料のタンパク質はペプチドやアミノ酸に分解され，糖質はグルコース等の糖に，脂質は脂肪酸とグリセリンに分解されて行く．続いて酵母や乳酸菌が繁殖し，グルコースを栄養源として，それぞれアルコールや乳酸を生成し，酵母は脂肪酸とアルコールから香気

エステル等を生成し豊かな香味が形成されてゆく．このように，発酵食品では，多くの微生物とその酵素の作用によって原料成分が分解，生化学的変換を受けて，味や香りの成分が生成される．私たち日本人の祖先は，発酵食品の製造を経験に基づいて醸造技術までに高めてきた．これは，微生物や酵素を生体触媒として活用して，生物化学的に物質変換を行っていることであり，まさに発酵食品の醸造工程は本質的にバイオテクノロジーであるといえる．

b. 食品への酵素の利用
(1) デンプン関連酵素

伝統的に発酵食品の醸造技術が発展してきたわが国では，酵素を食品製造に利用する技術も発展し，多くの酵素利用技術が確立されてきた．なかでも，トウモロコシ等のデンプンを原料として，酵素を利用したグルコースや甘味料の製造技術が大きく発展している．

1) アミラーゼによるグルコース生産

デンプンは，グルコースが α-1, 4 グルコシド結合で連結した主鎖に α-1, 6 グルコシド結合の分枝が付加した枝分かれをもつ樹状構造をしている．このデンプン分子を加水分解する酵素がアミラーゼ (amylase) である．デンプン工業に用いられる主要なアミラーゼには，α-アミラーゼ，β-アミラーゼ，グルコアミラーゼ (glucoamylase)，枝きり酵素 (debranching enzyme) がある．α-アミラーゼは，α-1, 4 グルコシド結合をランダムに切断するが，α-1, 6 グルコシド結合を加水分解しない．β-アミラーゼは，デンプンの非還元末端からマルトース単位で糖を遊離し，α-1, 6 グルコシド結合を分解しない．グルコアミラーゼは，非還元末端からグルコースを遊離し，α-1, 6 グルコ

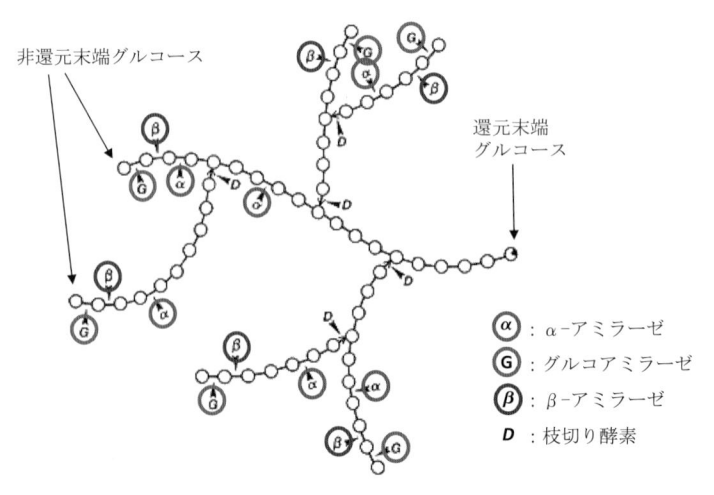

図 6.2 デンプンへのアミラーゼの作用

シド結合も分解できる酵素である．また，枝きり酵素は，デンプンのα-1,6グルコシド結合を特異的に加水分解する酵素である（図6.2）．

α-アミラーゼはデンプン分子を急速に低分子化するが，α-1,6グルコシド結合近傍の分枝をもつデキストリン（α-リミットデキストリン α-limit dextrin）が残る．グルコアミラーゼは，α-1,4もα-1,6グルコシド結合も分解してグルコースを遊離するが，α-1,6グルコシド結合の加水分解速度が遅くなる性質をもつ．そこで，デンプンからのグルコース生産では，枝きり酵素等のα-1,6グルコシド結合を優先的に切断する酵素を併用して，グルコースの生成効率を向上させている．一方，β-アミラーゼは，デンプンの非還元末端からマルトースを特異的に遊離するが，α-1,6グルコシド結合の分枝の手前まで達するとそれ以上分解することができなくなり，比較的大きな分子量をもつβ-リミットデキストリンが残る．β-アミラーゼはデンプンからの麦芽糖水飴の製造に用いられている．

2）グルコースイソメラーゼによる異性化糖の製造

清涼飲料水等の甘味料として，異性化糖が用いられている．日本国内で約785億円の生産額である（2005年度工業統計）．異性化糖はグルコース原料からグルコースイソメラーゼ（glucose isomerase）の酵素反応によって製造される．グルコースイソメラーゼは，放線菌の菌体内に存在する酵素で，グルコースを異性化してフルクトースに変換する反応を触媒する．

ここで単糖グルコース（glucose；ブドウ糖）とフルクトース（fructose；果糖）の甘味料としての性質をおさらいしておこう（表6.2）．グルコースは，デンプンを構成する六単糖アルドースである．スクロース（sucrose；ショ糖）の70％程度のさわやかな甘味をもち，人間をはじめとして生物のエネルギー源として自然界に広く存在する．フルクトースは，グルコースに対応する六単糖ケトースである．グルコースとともにショ糖の構成成分であり，スクロースの1.2～1.7倍程度（低温で甘味度が高い）の甘味を有する単糖である．グルコースとフルクトースを適切な割合に混合すると，スクロースと同等の甘味料として利用できる[1]．

酵素分解によってデンプンから得られるグルコースは安価な甘味料

リミットデキストリン（限界デキストリン）

デンプンやグリコーゲン等の多糖類をアミラーゼで分解するとき，完全に分解されずに残存するデキストリンをリミットデキストリンという．α-アミラーゼは，デンプン等のα-1,6結合とその周辺のα-1,4結合には作用できないので，α-1,6結合を含むオリゴ糖が残存し，αリミットデキストリンという．β-アミラーゼは，デンプンの非還元末端からマルトース単位で遊離するが，α-1,6結合に達すると，それより先に作用することができないため，大きな分子量のデキストリンが残存し，これをβリミットデキストリンという．トウモロコシデンプン等からグルコースを生産するには，α-アミラーゼだけではなく，α-1,6結合を好んで分解する特別なアミラーゼを組み合わせて使用することによって，効率的な工業生産ができる．

表6.2 甘味料としての糖の性質

糖	甘味度	結晶性	味質
スクロース	100	良	まろやか
フルクトース	120～170	結晶しにくい	すっきりした甘味
グルコース	70	良	さわやかな甘味

図 6.3 グルコースイソメラーゼの異性化反応

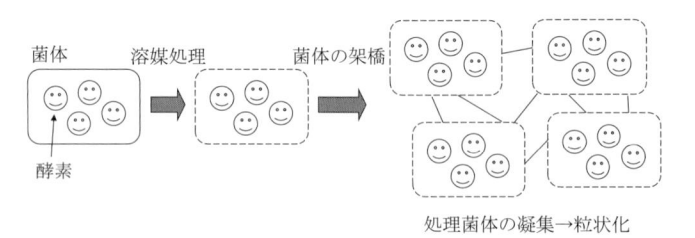

図 6.4 固定化グルコースイソメラーゼ

であるが，スクロースに比較して甘味度が低く，使用量を増加させる必要があった．そこで，異性化酵素によってグルコースをフルクトースに変換することが考えられた．各種の微生物菌株を検索した結果，日本の研究者によって，*Streptomyces* 属放線菌の一種がグルコースをフルクトースに変換するイソメラーゼ（isomerase；異性化酵素）を生産することが発見された．この酵素を用いることによって，グルコースの酵素的異性化が可能となった．本酵素は，キシロースをキシルロースに変換するキシロースイソメラーゼであったが，グルコースの異性化反応も同等に触媒することから，慣用的にグルコースイソメラーゼと呼ばれている（図 6.3）．こうして，酵素を用いて，グルコースとフルクトースの混合甘味料である異性化糖（果糖ブドウ糖液糖）の製造技術が開発された．工業的生産では，製造コストや効率の観点から酵素の安定性向上が指向されるが，グルコースイソメラーゼが放線菌の菌体内酵素であることに着目して，放線菌の菌体内に酵素を保持したまま菌体を固定化する方法によって，温度安定性が高く，長期間にわたり高い活性を保持する固定化酵素が開発され，異性化糖の工業的生産技術が確立された（図 6.4）．

異性化糖は，異性化反応の平衡点でグルコースとフルクトースの比率がほぼ等量で平衡に達し，工業的条件ではフルクトース濃度 42% の混合比で生産されている．フルクトースの分離濃縮によってさらに

高いフルクトース濃度55%の異性化糖も製造されている．また，異性化糖は結晶化しにくいことから液糖とも呼ばれ，液状のまま流通し，清涼飲料水等の高水分食品の甘味料としては，製造工程の作業上たいへんに有用である[2]．

(2) タンパク質分解酵素（プロテアーゼ）

1）チーズの製造（キモシンとムコールレンニン）

牛乳タンパク質の主要成分であるカゼイン（casein）は，安定なミセルを形成して分散し，牛乳中に分散している．乳タンパク質 κ-カゼインの Phe105-Met106 間のペプチド結合が加水分解されると，カゼインミセルが不安定化し，沈殿する．この現象が凝乳反応であり，沈殿をカード（curd）と呼びチーズの原料となる．κ-カゼインの特定のペプチド結合を切断する酵素がキモシン（chymosin）である．キモシンはプロテアーゼの一種であるが，非特異的加水分解分解よりも特異的な凝乳活性が高い酵素であり，チーズ製造には不可欠である．キモシンは仔牛の第四胃に存在するが，チーズ製造の需要に対して供給量が限られており，慢性的に不足し高価な酵素であった．

日本の研究者によって，キモシンと構造がきわめて類似したプロテアーゼがカビの一種（*Rhizomucor pusillus*）から発見された．この酵素剤はムコールレンニン（Mucor-rennin）あるいはムコールレンネットと呼ばれ，世界的に広く使用されるに至った．しかし，本酵素はキモシンと同様に凝乳活性を示すが，通常のプロテアーゼ活性も強く，わずかに苦味が生じる特徴があった．そのため，キモシンの Try75 に相当するムコールレンニンの Tyr を Asn へ置換し，プロテ

苦味ペプチド

食品のタンパク質の多くは特別に強い味をもっていない．牛乳のタンパク質はほとんど無味である．しかし，これらのタンパク質の分解物であるペプチドの中には，苦味を示すものがあることが知られている．カゼインの酵素分解物の中から強い苦味を示すペプチドが発見されている．アミノ酸のフェニルアラニン（Phe）を含む6～12個のアミノ酸が連結したペプチド，Gly-Leu のような疎水性アミノ酸とグリシン（Gly）が連結したジペプチド，プロリン（Pro）を含むペプチド等々，構造と苦味の関係が提案されている．動物や人間がペプチドの苦味を感じるということは，そのタンパク質が分解されていること，つまり腐敗していることのシグナルとして感覚に受け取られているのではないかと考えられている．苦味は隠し味として料理や食品の味を引き立てることもある．チーズの熟成が進むと，まろやかさの中にほろ苦さが含まれて一段と濃厚な味を醸し出す．苦味ペプチドは大人の味の成分といえるだろう．

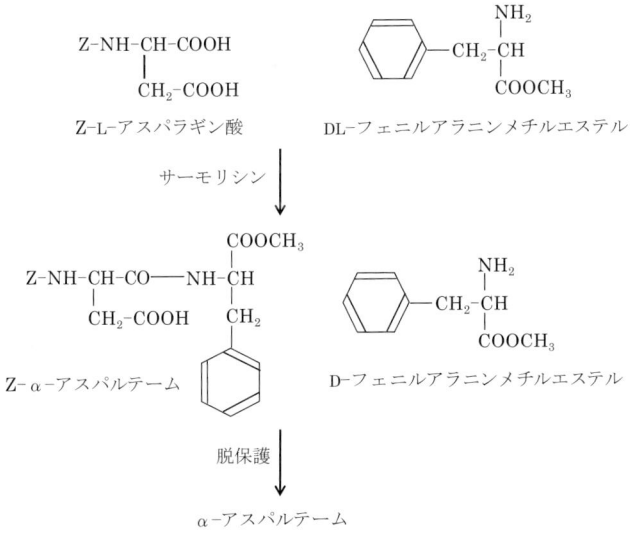

```
Z-NH-CH-COOH              NH₂
     |                     |
     CH₂-COOH        ―CH₂-CH
                           |
                           COOCH₃
  Z-L-アスパラギン酸    DL-フェニルアラニンメチルエステル
              ↓ サーモリシン

         COOCH₃
          |
Z-NH-CH-CO――NH-CH         NH₂
     |          |          |
     CH₂-COOH   CH₂   ―CH₂-CH
                           |
                           COOCH₃
  Z-α-アスパルテーム    D-フェニルアラニンメチルエステル
              ↓ 脱保護
         α-アスパルテーム
```

図 6.5 甘味料アスパルテームの酵素合成

アーゼ活性が低下した変異酵素が作成された[3]．

その後，ウシキモシンの遺伝子がクローニングされ，大腸菌を宿主としたタンパク質生産系を用いて，組換え酵素としてキモシンの大量生産が可能となっている．

2) アスパルテームの酵素合成

アスパルテーム (aspartame) は，スクロースの200倍にもおよぶ甘味度を有するペプチド系甘味物質である．本物質が強い甘味をもつことはアメリカの研究者によって発見されたが，日本では味の素株式会社が化学合成法によって工業的生産に成功した．その後，日本の研究者によって，好熱性細菌 *Bacillus thermoproteolyticus* が生産する耐熱性プロテアーゼ，サーモリシン (thermolysin) を用いて，プロテアーゼ反応の逆反応によりアミノ酸を原料としてジペプチドであるアスパルテームの酵素合成法が開発された（図6.5）．その後，固定化サーモリシンを有機溶媒中で反応させることによるアスパルテームの酵素合成が実用化されている[4]．

6.2 細胞融合

a. 醸造酵母の細胞融合

交配育種ができない醸造用酵母等の育種法の1つとして細胞融合法 (cell fusion) が行われる．酵母の細胞壁を細胞壁溶解酵素（キチナーゼ，グルカナーゼ等）によって除去し，細胞壁のない裸の細胞プロトプラスト (protoplast) を作製する．プロトプラストは，低浸透圧の溶液中では，膨張して破裂するため，高濃度の糖や食塩等を含む高浸透圧の溶液中で作製される．

ワイン酵母と清酒酵母をそれぞれ高浸透圧溶液中で細胞壁溶解酵素によって除去し，プロトプラストを作製する．得られたプロトプラス

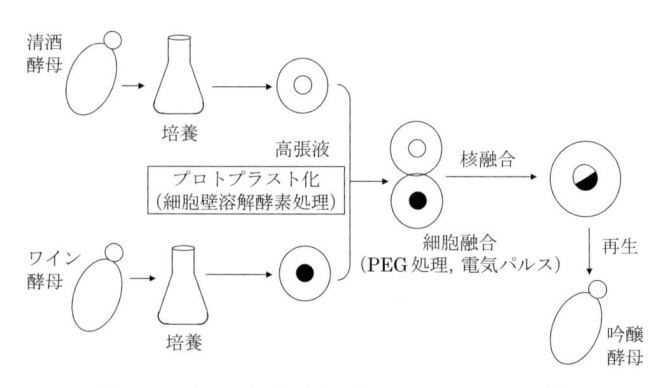

図6.6 酵母の細胞融合（プロトプラスト融合）

トをポリエチレングリコール存在下での融合あるいは高電圧パルスによる電気融合法を用いて，細胞を融合させる．ワイン酵母と清酒酵母の細胞融合から得られた融合株は，ワインの香気を生成する吟醸清酒酵母としての性質を有するものが得られている（図6.6）．

交配育種が困難な微生物どうしの中間の性質をもつ菌株を作製する技術として細胞融合法は有効であるが，得られた融合株は，徐々に親株のどちらかの形質に戻る傾向があり，十分な培養期間と継代を繰り返して安定した形質の融合株を選択する必要がある．

6.3 組換えDNA技術の利用

a. 酵母の組換えDNA技術

酵母は食品微生物として，清酒，ワイン，ビール等の醸造，パンの製造の主要な役割を担っており，酵母を活用した組換えDNA技術はよく発展している．酵母の組換えDNA技術に用いるベクターは，一般的に図6.7のような構造のものが構築されている．酵母の細胞内で安定的に複製されるための $2\,\mu m$ プラスミドの複製開始点やARS（自己複製配列）をもち，細胞内で安定的に保持される．また，アミノ酸や核酸等の栄養要求性を付与した宿主を用い，組換え体の選択マーカーとして栄養要求性を相補する遺伝子が組み込まれている．酵母に目的の遺伝子産物を生産させるため，転写制御を行うプロモーター領域も組み込まれている．酵母のプロモーターには，誘導的発現が可能なガラクトース代謝系のGAL1やGAL10等の遺伝子，構成的に発現する糖代謝系のグリセロアルデヒド3リン酸デヒドロゲナーゼ（GAPDH）遺伝子プロモーターが利用される場合が多い．これらのプロモーターの下流に目的のcDNA等を組み込んで転写を行わせる．3'側の構造も転写産物mRNAの安定性等の影響を受けることから，適当な組合せを選択することが望ましい．

サッカロミセス酵母はアミラーゼをもたないため，デンプンから直

ARS

酵母などの染色体が複製される際に，複製が開始される起点となる配列をARS（autonomously replicating sequence；自己複製配列）という．数百塩基対ほどの短い配列であるが，染色体の機能を維持するために必須の要素である．酵母の人工染色体ベクター（p.26参照）には，このARSと細胞分裂時に紡錘糸が付着するセントロメア領域，染色体両端のテロメア領域がセットで組み込まれている．この3点セットがそろってはじめて，ベクターは酵母細胞内で安定して存在することができる．

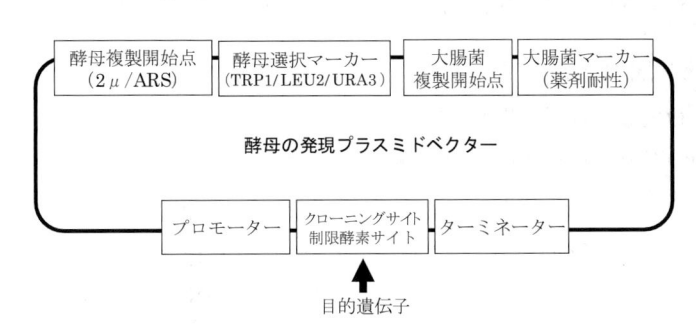

図6.7 酵母 *Saccharomyces cerevisiae* の組換えDNA技術

アミノ酸配列

```
         シグナルペプチド 25aa    成熟グルコアミラーゼ 579aa
  1 MQLFNLPLKVSFFLVLSYFSLLVSA ASIPSSASVQLDSYNYDGSTFSGKI
 51 YVKNIAYSKKVTVIYADGSDNWNNNGNTIAASYSAPISGSNYEYWTFSAS
101 INGIKEFYIKYEVSGKTYYDNNNSANYQVSTSKPTTTTATATTTTAPSTS
151 TTTPPSRSEPATFPTGNSTISSWIKKQEGISRFAMLRNINPPGSATGFIA
201 ASLSTAGPDYYYAWTRDAALTSNVIVYEYNTTLSGNKTILNVLKDYVTFS
251 VKTQSTSTVCNCLGEPKFNPDASGYTGAWGRPQNDGPAERATTFILFADS
301 YLTQTKDASYVTGTLKPAIFKDLDYVVNVWSNGCFDLWEEVNGVHFYTLM
351 VMRKGLLLGADFAKRNGDSTRASTYSSTASTIANKISSFWVSSNNWIQVS
401 QSVTGGVSKKGLDVSTLLAANLGSVDDGFFTPGSEKILATAVAVEDSFAS
451 LYPINKNLPSYLGNSIGRYPEDTYNGNGNSQGNSWFLAVTGYAELYYRAI
501 KEWIGNGGVTVSSISLPFFKKFDSSATSGKKYTVGTSDFNNLAQNIALAA
551 DRFLSTVQLHAHNNGSLAEEFDRTTGLSTGARDLTWSHASLITASYAKAG
601 APAA
```

604アミノ酸，シグナルペプチド25アミノ酸

図 6.8 *Rhizopus* 属菌のグルコアミラーゼ

表 6.3 組換え酵母のグルコアミラーゼ活性

宿主酵母	プロモーター	プラスミド	酵素活性 (U/mL)	活性倍率
遺伝子解析株	*Rhizopus*	pYGA2269	0.0005	1
	GPD	pYGA2269	0.2	40
	GPD	pYGA195	0.5	100
醸造用株	GPD	pYGA195	0.9	180
	GPD	組込み	1.2	240
	GPD	組込み	1.5	300
	GPD	組込み	7.6	1500
	GPD	組込み	10.0	2000

接エタノール発酵を行うことはできない．そこで，糸状菌 *Rhizopus* 属菌のグルコアミラーゼ遺伝子を酵母の発現ベクターに組み込み，アミラーゼを生産しつつエタノール発酵を行う酵母の育種が行われた．*Rhizopus* 属糸状菌のグルコアミラーゼは，25アミノ酸の分泌シグナルを含む604アミノ酸からなるポリペプチドであるが（図6.8），このcDNAを酵母発現ベクターに組み込み，酵母に形質転換した．宿主菌株とベクター，プロモーターの組合せによって酵素の発現量が大きく変化し，醸造菌株に対して染色体組み込み型の形質転換を行うことによって，遺伝子解析株を宿主としたときの約2,000倍の酵素生産が得られている（表6.3）[5,6]．

b. カビの組換え DNA 技術

麹菌のゲノム DNA 配列の解読は，2005年に日本のコンソーシアムによって完了した[7]．麹菌の遺伝子機能解明のために，組換え DNA 技術が発展している．麹菌の形質転換にはいったん麹菌のプロトプラストを作製し，これにプロトプラスト-PEG 法によってプラスミドベクターを導入する方法が一般的である．麹菌は強固な細胞壁をもって

6.3 組換え DNA 技術の利用　　105

表 6.4　カビに利用できる主要選択マーカー（文献[8] より改変）

選択マーカー	コードされる酵素またはタンパク質
（栄養要求性）	
argB	オルニチンカルバモイルトランスフェラーゼ
pyr4（*pyrG*）	オロチジン-5'-リン酸デカルボキシラーゼ
trpC（*trp1*）	トリプトファン生合成系酵素
met	（未知）
am	グルタミンデヒドロゲナーゼ
（薬剤耐性）	
hph	ハイグロマイシン B ホスホトランスフェラーゼ
benr	ベノミル耐性 β-チューブリン
bleor	ブレオマイシン耐性
olic	オリゴマイシン耐性
aur1	オーレオバシジン A 耐性
ptrA	ピリチアミン耐性
（資化性）	
amdS	アセトアミダーゼ（アセトアミド資化）
niaD	硝酸レダクターゼ（硝酸資化）
acuD	イソクエン酸リアーゼ（酢酸資化）
sC	ATP スルフリラーゼ（硫酸資化）

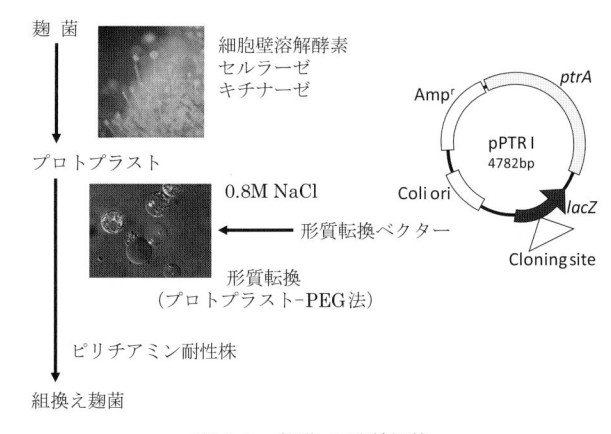

図 6.9　麹菌の形質転換

いるため，細胞壁溶解酵素としておもにセルラーゼ，キチナーゼの混合酵素を用いてプロトプラストを作製する．プロトプラストは 0.8 M NaCl を含む高浸透圧の緩衝液中で保持されるが，これに対しポリエチレングリコール存在下でプラスミド DNA を形質転換する．目的の形質転換株の選択には栄養要求性，薬剤耐性等の選択マーカーが用いられる．カビに用いられる代表的な選択マーカーを表 6.4 に示した．栄養要求性マーカーを用いるには栄養要求性をもつ宿主株が必要となる．薬剤耐性の利用は宿主によらないが，麹菌は薬剤耐性が高いカビであり，利用できる選択マーカーは限られている．ピリチアミン耐性遺伝子 *ptrA* やオーレオバシジン A 耐性遺伝子 *aur1* を選択マーカーとした麹菌の形質転換ベクターが開発されている（図 6.9）．

■コラム■　麹菌の形質転換

　これまでに麹菌の形質転換は多くの研究例があるが，中でも *A. oryzae* A1560 株を宿主として，タカアミラーゼ A 遺伝子を形質転換した例が有名である．クリステンセン(Christensen)らは，*A. oryzae* A1560 株がアセトアミドを資化できないことを利用して，アセトアミダーゼ遺伝子 *amdS* をマーカーとして形質転換系を開発した．彼らは，タカアミラーゼ A 遺伝子を含むプラスミド pTAKA17 と *amdS* プラスミドを混合して形質転換（コトランスフォーメーション）し，アセトアミドを唯一の炭素源，窒素源として生育する形質転換株を選択した．9 株の形質転換株のうち，8 株はタカアミラーゼ A 遺伝子を保持しており，*amdS* とタカアミラーゼ A 遺伝子を同時に形質転換できることがわかった．そして，形質転換株の No. 10 株は，じつに 12 g/L ものアミラーゼを分泌生産することがわかった．

　また，*Rhizopus miehei* のアスパルティックプロテアーゼには，チーズ製造で用いられる凝乳活性をもつ．そこで，この酵素の cDNA をタカアミラーゼ A 遺伝子のプロモーターに連結してプラスミドベクター pBoel 777 を作製し，これを *amdS* プラスミドと混合して麹菌に形質転換した．18 株の形質転換株を取得して遺伝子を解析したところ，すべての株が *R. miehei* アスパルティックプロテアーゼ遺伝子を保持しており，株により発現量が異なっていた（表 6.5）．中でも No. 7 株は，3.3 g/L の酵素を生産していた[8]．

表 6.5　麹菌のタカアミラーゼプロモーターを利用した酵素生産（文献[8]より改変）

菌　株	α-アミラーゼ生産（g/L）*
A. oryzae A1560	1
A. oryzae A1560 (pTAKA-17) No. 10	12

	R. miehei 凝乳酵素生産（g/L）*
A. oryzae A1560	0
A. oryzae A1560 (pBeol 777) No. 7	3.3
A. oryzae A1560 (pBeol 777) No. 10	0.5
A. oryzae A1560 (pBeol 777) No. 15	2.4

＊：*A. oryzae* A1560 およびその形質転換株を 2 L ファーメンターで 28℃，4 日間培養し，その培養上清の酵素量．

6.4　微生物・酵素の固定化

a.　固定化生体触媒

　微生物や酵素を食品製造や加工に利用することは，食品成分を損なうことなく効率的に変換することができ，省エネルギー，製造工程の軽減のために有効な技術である．しかし，食品加工工程では，微生物や酵素は失活する条件にさらされることが多く，酵素は水溶性であり 1 回使用されると回収再利用は困難であった．酵素は微生物培養や生物体から抽出精製されるため，高価であることが実用的な問題点となっている．

　そこで，水溶性タンパク質である酵素を，不溶性の支持体に保持

6.4 微生物・酵素の固定化

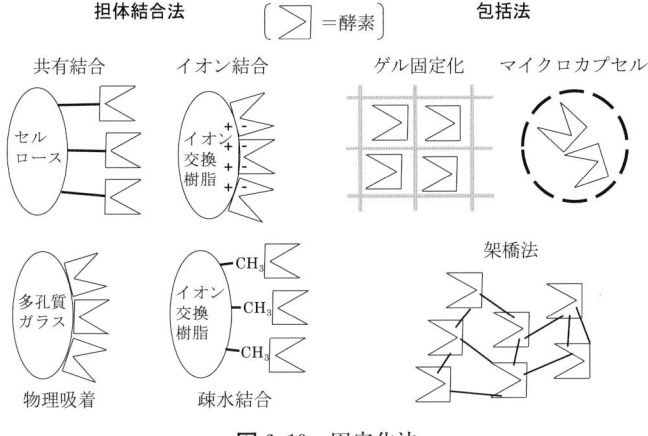

図 6.10 固定化法

担体結合法：共有結合（セルロース）、イオン結合（イオン交換樹脂）、物理吸着（多孔質ガラス）、疎水結合（イオン交換樹脂 – CH₃）

包括法：ゲル固定化、マイクロカプセル

架橋法

i) 担体活性化反応

$$\begin{matrix}-OH\\-OH\end{matrix} + CNBr \longrightarrow \begin{matrix}-O\\-O\end{matrix}C=NH$$

臭化シアン　　　　　　　イミドカーボナート基

ii) 共有結合固定化反応

$$\begin{matrix}-O\\-O\end{matrix}C=NH + H_2N-\text{Enzyme} \longrightarrow \begin{matrix}-O-\overset{\overset{O}{\|}}{C}-NH-\text{Enzyme}\\-OH\end{matrix}$$

酵素

図 6.11 担体結合法（共有結合法）

$$OHC-CH_2CH_2CH_2-CHO$$
グルタールアルデヒド

図 6.12 架橋剤

させ，酵素反応終了後に回収再利用することが考えられた．支持体へ酵素を固定化する固定化酵素（immobilized enzyme），微生物を固定化した固定化微生物を総称して固定化生体触媒（immobilized biocatalyst）と呼ばれている．

固定化は，大きく分けて担体結合法，包括法，架橋法等の方式がある（図6.10）．担体結合法は，セルロース等の親水性物質，イオン交換樹脂，多孔質ガラス等の不溶性の担体（insoluble matrix）にそれぞれ共有結合，イオン結合，物理的吸着，疎水結合等によって結合させる方法である．

共有結合法は，担体表面の官能基を化学的に活性化しておき，活性基と酵素タンパクのアミノ酸側鎖の官能基を共有結合させるものである．代表的には，セルロースやアガロースゲル表面の水酸基を臭化シアンによってイミドカーボナート基に活性化し，酵素タンパクの側鎖のうちのアミノ基を共有結合させ，固定化する方法がよく用いられて

アルギン酸

海藻の一種である褐藻の細胞壁を構成する粘質多糖類．化学構造はD-マンヌロン酸とL-グルロン酸がβ-1,4結合で連結した構造である．褐藻の表面細胞壁を希アルカリで抽出した後，抽出液を酸性にすることによって，糸状のゲルとして沈殿する．この性質を利用して，繊維状に成型して手術糸などの医療用品として用いられるほか，酵母等の微生物のゲル包括固定化にも利用される．アルギン酸溶液に酵母細胞を混合して，カルシウムを含む弱酸性溶液に滴下すると，アルギン酸カルシウムゲルとして粒状に固化させることができる．酵母は生きたままゲル内に固定化されていて，固定化酵母としてアルコール発酵を行わせることができる．

いる（図6.11）．

包括法は，アルギン酸，κ-カラギーナン等の高分子に微生物菌体や酵素を混合した後に，高分子をゲル化して，ゲルの網目状構造に微生物や酵素を閉じ込める方法である．微細孔をもつ膜で酵素等を包み込むマイクロカプセル法も包括法の一種類である．

架橋法は，酵素や微生物菌体にグルタールアルデヒド（図6.12）等の架橋剤を直接反応させ酵素タンパクや微生物を凝集不溶化する方法である．架橋法は，簡便な方法であるが，酵素タンパクの失活を招く場合が多く，酵素によって適用範囲が限定される．前述のグルコースイソメラーゼを含む放線菌菌体を凝集し粒状の固定化酵素とした例はこの架橋法を用いた．このように，固定化方法は，目的の微生物や酵素によって適用可能性を検討して有効な方法を検索することが必要である[9]．

b. バイオリアクター

バイオリアクター（bio-reactor；生物反応器）は微生物や酵素を反応容器に入れ，生化学反応による物質変換を行わせる反応容器である．広義には，みそ，醤油，清酒醸造の発酵タンクも酵素・微生物を用いて物質変換を行う容器という意味でバイオリアクターといえるが，一般的には，固定化生体触媒を攪拌式反応槽やステンレスやガラス製のカラム式反応容器に封入したものを指す．

前項で述べた固定化生体触媒を攪拌式反応容器やステンレス，ガラス製カラムに封入し，外部から変換すべき基質を含む原料液を通液し，原料液がカラム内を通過する途中で酵素反応が進行して，生成物が流

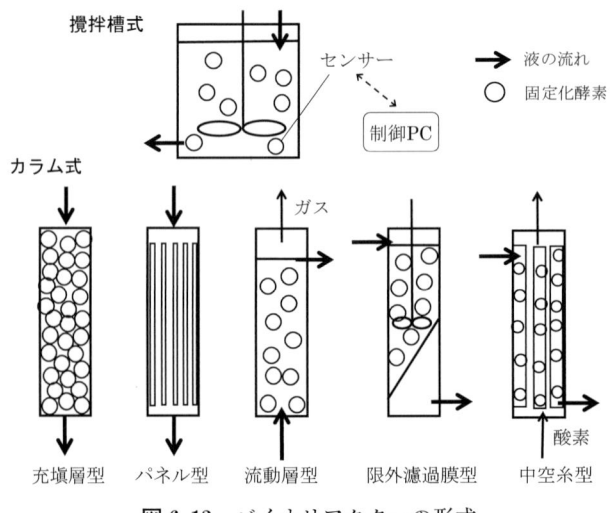

図 6.13 バイオリアクターの形式

出液とともに回収される．

バイオリアクターの形式は，基質，生成物の性質に基づいて，撹拌槽式からカラム式まで種々のものが考案されている（図6.13）．

撹拌槽式バイオリアクターは，固定化酵素と基質液を恒温水槽中に

■**コラム**■　**虫歯になりにくい甘味料の生産**

バイオリアクターの実用化をめざした研究は1980年代以降盛んに行われ，工業技術として実用化に至っている．虫歯を誘発しにくい甘味料としてパラチノース（palatinose）が加工食品に用いられているが，このパラチノースは，スクロース（ショ糖）を原料としてグルコシルトランスフェラーゼを用いて生産される（図6.14）．グルコシルトランスフェラーゼを含有する *Protaminobacter rubrum* の菌体をアルギン酸カルシウムゲルに包括固定化し，この固定化菌体を2%ポリエチレンイミン溶液に数分間浸漬した後，0.5%グルタールアルデヒド溶液で30分間撹拌しながら浸漬する．このようにすると，固定化菌体のゲル強度が増大して，容易につぶれない固定化菌体が得られ，充填層型のカラム式バイオリアクターとして安定して使用することができる．40%スクロース溶液（pH5.5に調整）を加熱殺菌（120℃，15分）後に冷却して25℃に調温し，この固定化菌体バイオリアクターに通液し，流出液のスクロース濃度が0.8%以下となるように通過速度を調節する．その後，溶出液を脱塩，濾過，濃縮，結晶化の工程を行い製品ができる（図6.15）．このバイオリアクターは，製造工程の一部にカラムとして組み込まれた形で活躍している．動物試験の結果，パラチノースは虫歯を誘発する性質（う蝕性）が非常に低いことが示され，チューインガムやキャンディー等に広く使用されている[10]．

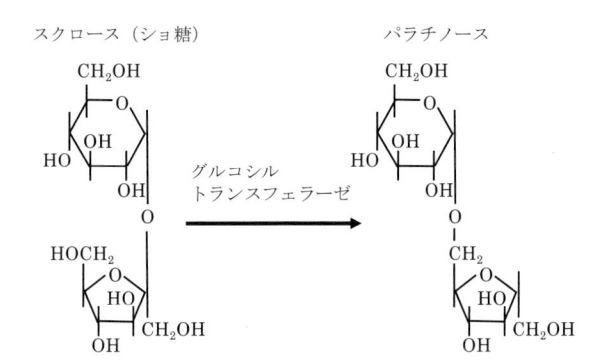

図6.14　酵素によるパラチノースの生成

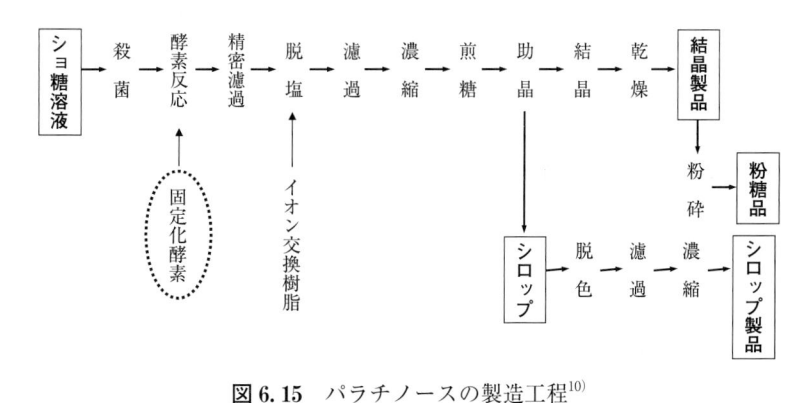

図6.15　パラチノースの製造工程[10]

混合し，攪拌羽で攪拌しながら酵素反応を行わせる．反応条件や生成物量を測定しながら，反応液を除去し，基質液の添加を制御することで，効率よく酵素反応を進行させる．

　カラム式バイオリアクターは，反応によって種々の形式が考案されている．充填層型は，水溶性基質を固定化酵素の充填層に導入し，高密度に充填された固定化酵素層を基質液が通過しながら，酵素反応をうけて生成物に変換される．パネル型は，粘性の高い基質液を通液する場合に用いられる．酵素を表面に固定化した酵素パネルをカラムに垂直に立て，パネルの間隙を基質液が通過する間に酵素反応が進行する．流動層型は，酵素反応によるガス発生や，不溶性基質を用いる場合に用いられる．リアクターはカラムの上部に空間をもち，ガスを放出する．基質液はカラム下部から導入され，反応液はカラム上部の反応液面から流出液が回収される．限外濾過膜型は，高分子基質や不溶性基質に対して酵素反応を行う場合を想定している．カラム内の限外濾過膜，中空糸膜を介して高分子基質および固定化酵素は分離され，膜を通過する低分子の生成物を回収する．

文　献

1) 糖質開発協議会（1993）：糖の散歩道（糖質開発協議会編），p.62-63，三水社．
2) 武末周一（1999）：工業用糖質酵素ハンドブック（岡田茂孝・北畑寿美雄監修），p.115-116，講談社サイエンティフィック．
3) 祥雲弘文（2004）：応用微生物学（塚越規弘編），p.240，朝倉書店．
4) 上島孝之（1999）：酵素テクノロジー，p.73，幸書房．
5) 吉栖　肇・芦刈俊彦（1988）：酵母のバイオテクノロジー（平野正編），p.199-202，学会出版センター．
6) 橋本直樹著（2000）：レクチャーバイオテクノロジー，p.96，培風館．
7) Machida, M. et al. (2005)：Nature, **438**：1157-1161.
8) 塚越規弘（2001）：組換えタンパク質生産法（塚越規弘編），p.87-88，学会出版センター．
9) 田中渥夫・松野隆一（1995）：酵素工学概論，p.20-21，コロナ社．
10) 北畑寿美雄・石川　弘（1999）：工業用糖質酵素ハンドブック（岡田茂孝・北畑寿美雄監修），p.140，講談社サイエンティフィック．

⑦ 昆虫におけるバイオテクノロジー

〔キーワード〕 遺伝子組換え昆虫，バイオミメティクス，バイオインスパイアード，バイオユーズド，カイコ，シルク

　これまで昆虫類（Insecta：昆虫網）は，カイコ，ミツバチそして遺伝研究のショウジョウバエを除いては，どうでもよい虫，または農業害虫や衛生害虫としての駆除の対象として扱われてきた動物群である．しかし，遺伝子研究などの発達とともに昆虫研究は新しい局面をむかえることになる．

　その代表的なものの1つが，前田ら（1984）が開発したカイコ核多角体ウイルスを利用した組換えタンパク質発現系である．もちろんここに至る過程には，日本のカイコ研究者を中心とした養蚕技術の確立があったことは忘れてはならない．

　その15年後には再び日本の田村ら（2000）によりカイコの絹糸腺に異種タンパク質遺伝子を導入する技術が開発され，日本の養蚕業が衰退する一方，新たな方法でカイコが注目を集めることになった．同年にはアメリカでクリントン大統領の旗振りによりバイオミメティクス（BIO-MIMETICS，生物模倣技術；1950年代後半にオットー・シュミット（Otto Schmitt）によってつくられた用語）が国家戦略の1つとされ，この科学技術が急激に進歩する契機となる．そうしたなか，巨大なバイオマスである昆虫類は当然研究対象として注目されるようになった．

　同じ頃，日本の農林水産省や企業，研究者からも，昆虫産業や昆虫テクノロジーに関係する数々の用語や概念が提唱されている（測注参照）．このような自然素材や生物をマテリアルとするサイエンステクノロジーが，今世紀に入り各所で同時多発的に発生したのは決して偶然でないような気がしてならない．言葉こそ異なるが，いずれも求めるものは，生物多様性社会や持続可能性社会の構築のための緊急テクノロジーであってほしい．

　さて，昆虫のような小さな動物がどうして近年このようにあらゆる

カイコ
　学名 *Bombyx mori*（和名カイコガ），チョウ目カイコガ科に属する．野生の昆虫と比較して，歩行力，探餌行動が弱く，飼育していて逃げることはない．また，成虫もほとんど飛翔能力を失っている．古くから人類によって管理され，人間の手を離れて自然界において自力で生活することができないほどに家畜化された昆虫である．こうした性質は産業昆虫または実験昆虫として管理上きわめて好都合であった．

新しい用語・概念
　たとえば，バイオミメティクスを包含した「自然に学ぶものづくり」（積水化学工業）／素材に自然のものを使用する「ネイチャーテクノロジー」（東北大学・石田秀輝ら）／自然素材だけでなく，できるだけ生物そのものも利用していくという「インセクトテクノロジー」（東京農業大学・長島孝行），など．

Speciescape

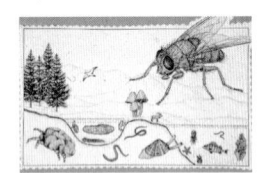

下図は，地球に存在する生物を種数で考えた場合のイメージである．1匹では小さな昆虫類や甲殻類が，この図を見ると全生物界の中でも圧倒的な存在であることがうかがえる．彼らは陸上，水中，空中，土中などありとあらゆる環境に適応進化しており，そこから学べることは果てしなく多い．

分野で注目されるようになったのだろうか．それは科学が"持続性"に舵を向けもう一度自然界を見つめ直し始めたことに加え，その自然界において昆虫やダニ，クモなどの節足動物（Arthropoda）が，質的にも量的にも地球上で最も繁栄している巨大な生物種群であるという事実があるからである．昆虫類は出現以来4億年の歴史をもち，既知の種だけでも100万種を超え，それは全動物種の4分の3，全生物種の3分の2を超える圧倒的なものである．またそのバイオマス（生物量）にしても，全人類の約15倍を超えるものと推定されている．これにクモ，ダニ，エビ類などの"ムシ（Insect）"を加えれば，地球が「ムシの惑星」と呼ばれても不思議ではない．

昆虫がこのような繁栄を獲得するために発達させたその生命機構は，地球上における生物世界がきわめた1つの到達点であるかもしれない．それを"智恵"と呼ぶなら，私たち人類が，持続的社会構築のための「ものづくり」をその智恵から学ぶことは非常に重要である．

昆虫テクノロジーは10年前まではおもに農業の分野であったが，ナノテクノロジーの発展によって工学系等の分野へも発展していった．特にこの10年の昆虫をはじめとした節足動物のテクノロジー研究にはじつにめざましいものがある．ここでそれらをすべて紹介することは紙幅の関係上できないが，広く簡単にそれらを整理してみた．ただし，この分野の進展はめざましい．そのためおそらく，10年後にはまったく新しいテクノロジーが登場しているかもしれないし，またそれを著者は願っている．

本章においては「遺伝子組換え昆虫」，「構造をまねる＝BIO-MIMETICS」，「機能性をまねる＝BIO-INSPIRED」，「生成物など利用した技術開発＝BIO-USED」など，最近特に進歩しているテクノロジーを入門書的に紹介する．

7.1 昆虫ゲノムと遺伝子組換え昆虫

昆虫類の繁栄の背景には，約4億年前の翅とそれによる飛翔機能の獲得，変態という特殊な幼虫機能を得たところが大きいといわれている．さらには，これによりゲノム上の既存遺伝子に新規遺伝子が加わり，新しい遺伝子ネットワークができたと考えられている．

21世紀以降，他の生物同様，昆虫においても主要なモデル生物のゲノム構造解析が積極的に進められ，2000年のショウジョウバエ全ゲノム配列（WGS法）の発表をはじめ，この10年でゲノム研究は急速に進んできた．2001年にはマラリア媒介のハマダラカ，殺虫剤や

作物保護剤開発に向けてオオタバコガの1種 *Tribolium castaneum*，続いて養蜂利用や脳研究のためのミツバチ，さらにはコウチュウ目の *Heliothis castaneum* までも公表されている．もちろんわが国のカイコゲノム情報に関しても，2003年には公開されている．

現状として，昆虫ゲノム研究はまだ十分活用できる段階にあるものは多くないが，多様性に富むこの動物群のゲノム解析はさまざまな特異的機能等を遺伝子レベルで解明するだけではなく，昆虫制御や新しい産業への応用を飛躍的に加速するものと願っている．

また，遺伝子を利用した遺伝子改変昆虫等に関してはわが国と他国では異なる方向性で研究が進められている．ここでは，遺伝子改変したカ（蚊）とカイコなどに関して，簡単に現状を解説する．

a. バキュロウイルスを利用したインターフェロンの生産

カイコの病原体の1つであるカイコ核多角体病ウイルス（BmNPV）は，しばしば養蚕に大被害を与えてきた．BmNPVに感染したカイコは，細胞核内でポリヘドリンと呼ばれるタンパク質を大量に産生する．このポリヘドリンは，乾燥や紫外線からウイルス自身を保護する役目をもつが，ウイルスの感染や増殖には必須ではない．そこで，ポリヘドリンの遺伝子を外来遺伝子に組み換え，代わりに目的のタンパク質を大量に産生しようとする試みが検討されてきた．

1983年にアメリカのサマーズ（Summers）らの研究グループは，ヤガ科のキンウワバの1種 *Autographa californica* の多角体ウイルス（AcNPV）を用いてバキュロウイルス・ベクターシステムを開発し，ヒトの β-インターフェロンを真核生物の発現系としては異例なほど大量に発現させることに成功した．

一方，日本の前田ら（1985）は，BmNPVを用いてヒト α-インターフェロンの発現に成功した．BmNPVの多角体遺伝子をプラスミドに組み込み，クローニングしたのち多角体遺伝子を切り取り，これにインターフェロン遺伝子を入れ換え，さらにクローニングを行う．このプラスミドをカイコの培養細胞で増殖させプラーグ法により組換えウイルスを取り出し，増殖させ，これをカイコ幼虫体に注射し，発病した幼虫からインターフェロンを含む体液を採取する，というものである（図7.1）．この方法ではさきのサマーズらの用いた系と同様に培養細胞でもインターフェロンがよく発現するが，さらにカイコ幼虫体を利用することにより培養系よりもさらに効率よく発現させることができた．カイコの幼虫体を用いる場合，インターフェロンの産生量は血液1 mL中に40 μg以上であり，他の系に比べて100倍高い．その

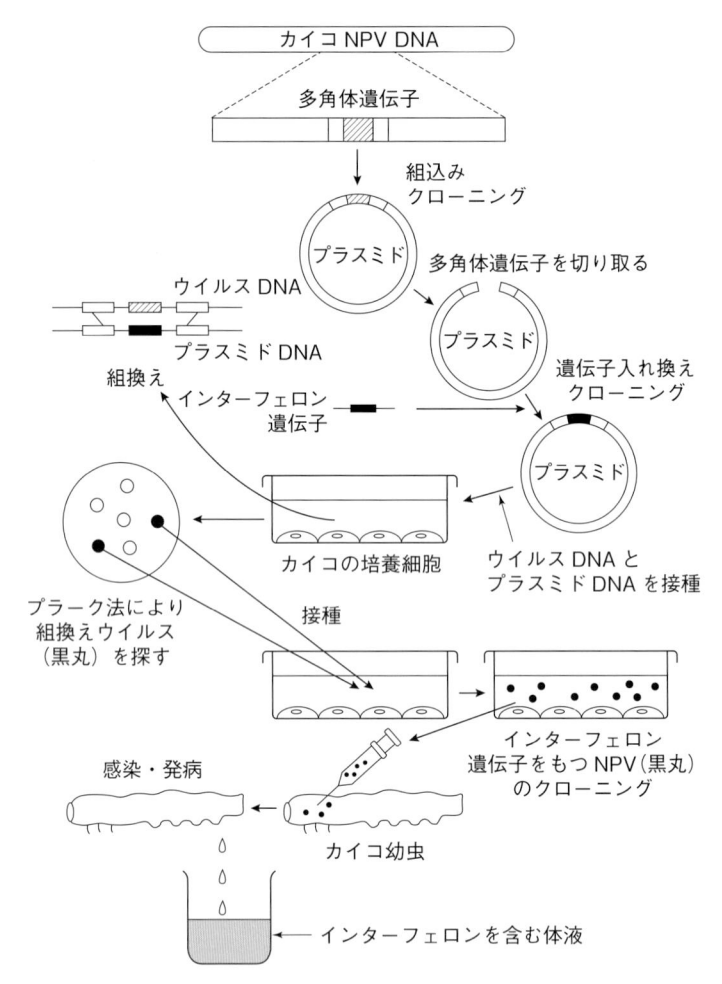

図 7.1 組換え体ウィルスの作製とインターフェロン産生の手順（渡部 1988）

　理由は，カイコの体液が中性付近のpHをもちプロテアーゼ活性がないために，分泌された遺伝子産物が血液中に安定して蓄積されるためと考えられている．

　バキュロウイルス・ベクターシステムは，すぐれた外来遺伝子発現能力と真核生物に特有な翻訳後修飾を可能にするなどの有利な特徴をもつため，外来遺伝子産物の数は年々増加している．これまでにマウスIL-3，ヒトGM-CSF，ヒトβ-インターフェロン，ヒトM-CSFなどのサイトカイニン類や，ヒト成長ホルモン，イヌパルボウイルス抗原，マラリア抗原などがカイコを用いて報告されており，近く1000遺伝子を超えるといわれている（執筆時の2011年11月現在）．また，ヤママユガ科のサクサンなどを用いた研究も進められている．

　これらのなかでも，すでに利用されているのが，コンパニオンアニマル（ペット）用に開発されたネコインターフェロンやイヌインター

フェロン-γであろう（開発元：東レ株式会社，詳細は文献[11]を参照されたい）．この動物インターフェロンの生産性はカイコを用いた場合が最も高く，カイコはタンパク質生産のすぐれた宿主であるという．ただしカイコで組換えタンパク質を産生させた場合，複雑なタンパク質の修飾を受け，またカイコ体液中（昆虫は開放血管系）にカイコ由来タンパク質が含まれるため，目的とした組換えタンパク質を高純度に精製するための技術開発が今後の重要な課題である．

日本のカイコ研究は世界で突出しており，人工飼料による飼育により，個々のカイコの個体差もほとんどなく，年間を通して計画的に生産できる．また培養細胞でよくみられる細胞コンディションの違いによるタンパク質生産性の変動も起きない．さらに，幼虫は動き回らないために数百種類のタンパク質個別生産を机1台分のスペースで同時に行うことができ，コスト面でも有利である．このような特性を利用して，多種類のタンパク質をmg単位で，しかもハイスループットに生産させるシステムが開発されている（片倉工業株式会社「スーパーワーム」；側注参照）．また，機能性タンパク質を固定化した多角体（プロテインビーズ）を基盤上に配列することにより，タンパク質分子間やタンパク質分子とほかの化学物質との相互作用の解析を行うことのできるプロテインチップの開発も進められている．

b. 遺伝子組換えカ

遺伝子組み換えカ（蚊）作出技術を生み出したのはカルフォルニア大学のジェームズ（James）らであるが，現在その技術を活かしマラリアやデングウィルス絶滅への道が開けつつある．マラリアは全世界で年間100万人以上の死者を出すといわれる伝染病で，その感染経路はハマダラカによる吸血である．人間や動物から吸血する際に入り込むカの唾液を通して，ハマダラカ体内に存在するマラリア原虫が吸血された生物へと移動するため感染するのである．デング熱も同様に，ネッタイシマカから吸血先にデングウィルスが移されることで感染する．伝染病への対策は，殺虫剤開発，ワクチン開発，バクテリアを注入したカの作出などさまざまであるが，近年は遺伝子組換えカの利用も注目されている．

2002年にはケース・ウエスタン大学でマラリアが消化管通過するのを防止するタンパク質をもち合わせた遺伝子組換えカ，2006年にはブラジルのレネ・ラチョウ（Rene Rachou）研究センターによってマラリア原虫をブロックする酵素を製造するタンパク質をもつ遺伝子組換えカ，また2007年にはジョンズホプキン大学においてマラリア

カイコによるタンパク質生産システム

このシステムでは，タンパク質の種類や精製方法によって差異があるものの，幼虫1匹（5〜7g）または蛹1匹（約1.5g）あたりおよそ数百 μg の精製タンパク質の回収が期待できるという．この回収率を動物細胞に換算すれば，培養液数リットル分に相当し，昆虫細胞の培養液に換算しても 100〜200 mL 分に相当する．したがって，タンパク質のX線構造解析等に必要な数mg程度の中規模生産でも，片手でつかめる10匹程度のカイコで準備可能である．

に耐性のある遺伝子組換えカの作出に成功している．

さらに2010年には，実際にイギリスのバイオテクノロジー企業オキシテック（Oxitec）社が，オックスフォード大学のアルフェイ（Alphey）博士らと共同で，ケイマン諸島に遺伝子組換えカを放出している．なお，この遺伝子組換えカと交配して生まれた次世代のカは，生殖能力をもつ前に死滅するように遺伝子が組み換えられている．マレーシア，クアラルンプールにおいても同様の実験がなされている．しかしながら，こうした遺伝子組換え生物を野生に放す試みは，生態系の混乱，新しい伝染病の発生，他国への侵入，カを餌とする生物への影響など，さまざまな問題が懸念されている．長期的にみた場合の生態系への影響は不明な点が多い．

c. 遺伝子組換えカイコ

カイコは約35日で繭を作成する．この繭の重さは1.5〜2.5gであるが，繭糸の占める割合は繭全体の20〜25%である．繭糸には水分がほとんど含まれず，タンパク質の純度も90%以上である．この繭糸を生成する絹糸腺に目的のタンパク質を大量に作らせることができれば，昆虫テクノロジーは新しい領域に一歩踏み込むことができる．しかもカイコの管理技術は非常にすぐれており，遺伝子改変カイコを逃がす確率はほとんどない．また系統保存に関しても研究蓄積があるため，非常にこの技術は期待が大きい．

田村ら（2000）は，この繭糸（シルク）を生成する絹糸腺（Silk gland）に別の遺伝子を導入することに成功した．これはトランスポゾンをベクターとして利用することにより作出する方法で，現在ベクターとして用いることのできるトランスポゾンは*piggyBac*と*minos*と呼ばれるもので，いずれもDNA型のトランスポゾンである．大きさはどちらも3kb前後で，両端に逆位末端反復配列をもっている．この方法により，目的とする外来遺伝子を導入した組換え体を簡単に作ることができるようになってきている．たとえば，他の昆虫やクモなどからクローニングしたフィブロイン遺伝子をカイコの絹糸腺において大量に発現させるよう遺伝子を改変し，カイコに導入することにより，カイコのフィブロインの代わりに別の生物のシルクタンパク質をつくることも理論上可能である．

しかしながら，実際にはまだ多くの問題を含んでいることも事実である．その1つは絹タンパク質遺伝子が反復配列（グリシン，アラニン，グリシン，アラニン，グリシン，セリンという単純反復）から構成されていることである．しかも遺伝子のサイズが大きく，プラスミ

世界初！ カイコからのフィブリノーゲン生産
GMカイコから検査薬や治療薬などの有用タンパク質を実用生産する研究が進んでいる．群馬県藤岡市にある免疫生物研究所は2011年，世界で初めてGMカイコから血液凝固剤であるフィブリノーゲンを作り出すことに成功し，多くの注目を集めた．今までフィブリノーゲンは人の血液から精製されていたため，C型肝炎などのウィルス混入の危険性が問題視されていたが，カイコに作らせることによってこのリスクはゼロになる．さらに，フィブリノーゲンを水溶性のセリシン部に発現させることで抽出・精製が容易になり，45日間で成長するカイコなら量産も可能である．農林水産省は県の施設での養蚕事業に参加し，大量生産をめざしている．もちろん，管理が楽なカイコとはいえGM動物であるので，自然界への拡散防止策の強化も並行して進められている．

7.1 昆虫ゲノムと遺伝子組換え昆虫

ドなどで DNA を増やした場合その一部が欠損し，はじめの遺伝子より短くなるなどの現象も生じる．

これまでに組換えカイコの後部絹糸腺で作られた物質としては，GFP（測注参照），DsRed，コラーゲン，デフェンシン，ヒト線維芽細胞増殖因子，インターフェロン，クモのシルク，テンサンのフィブロイン，などが報告されている．

またフィブロインをほとんど生成しない Nd-sD 系統に正常カイコのフィブロイン遺伝子を導入した組換えカイコを作製し，絹糸腺を観察したところ，後部絹糸腺からはフィブロインの生成が確認され，組換えカイコ絹糸腺のフィブロイン分泌能が大きく回復されていることが確認されている（Akai *et al.* 2006；図 7.2）．一方，正常カイコに

GFP
　緑色蛍光タンパク質（green fluorescent protein）．オワンクラゲから見いだされた蛍光タンパク質．生化学の分野でシグナル物質として広く利用される（p. 57 参照）が，この例では繭糸に GFP を含ませ，蛍光をもつ絹でドレスを作り話題を呼んだ．なお，GFP を発見・分離精製した下村脩博士はその功績により 2008 年ノーベル化学賞を受賞している．

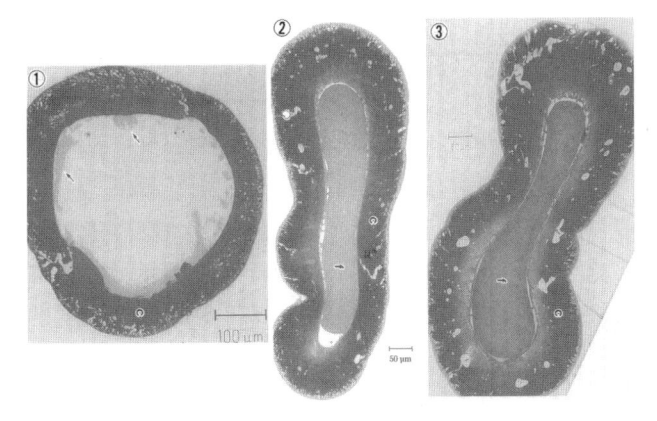

図 7.2　セリシン蚕 Nd-sD 系統へのフィブロイン遺伝子導入組換え体の絹糸腺（長島 2008）
①セリシン蚕の絹糸腺，②セリシン蚕にフィブロイン遺伝子を導入した絹糸腺，③正常蚕の絹糸腺．セリシン蚕に比べ，組換え体のものは明らかにフィブロインが lumen に分泌されている．

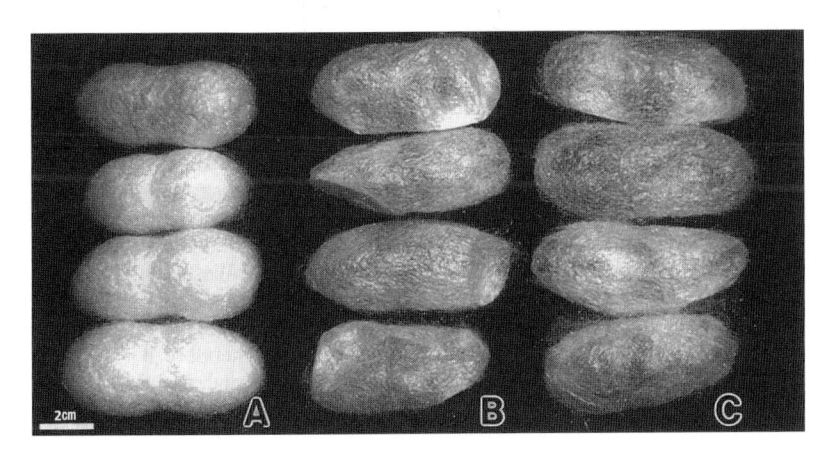

図 7.3　ヤママユガのフィブロイン遺伝子を導入した遺伝子組換え体カイコが形成した繭（長島 2008）
A は通常のカイコの繭で，B および C はヤママユガのフィブロインを導入した組換えカイコの繭．フィブロイン分泌量が少ないために繭層が薄い．

ヤママユガ

学名 *Antheraea yamamai*, チョウ目ヤママユガ科に属する大型のがで，日本全国に分布する．幼虫はクヌギ，コナラ，カシワなどを食樹とし，カイコの幼虫の約2倍の体重にまで成長する．成虫は年1回発生し，卵で越冬する．美しい淡緑色の繭を作ることから，一部地域ではテンサン（天蚕）の名で親しまれ，古くから飼育されてきた．その繭から紡がれた糸は繊維のダイヤモンドと呼ばれ，カイコの糸の数十倍の価格で取引されている．このテンサン繭の緑色はセリシン部に存在するため，セリシンをとると糸が柔らかくなると同時に緑色も消失する．一方，同じ緑色の繭糸を吐くウスタビガではフィブロインにも色素が分布するため，セリシンをとっても色が残り，緑色で柔らかい糸ができる．

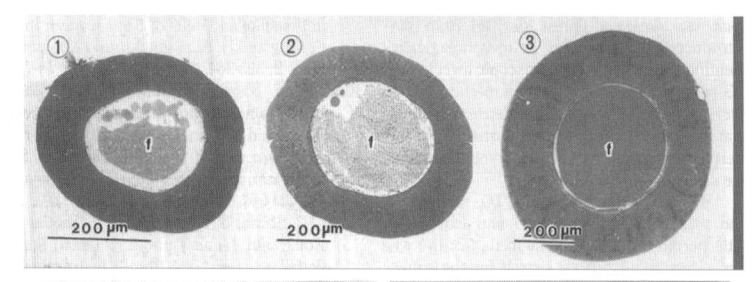

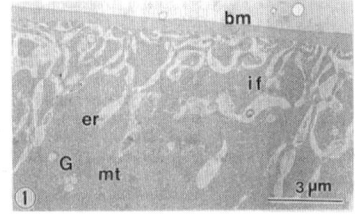

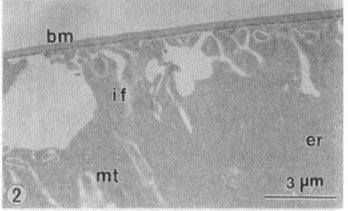

図7.4 ヤママユガのフィブロイン遺伝子を導入した遺伝子組換え体カイコの絹糸腺と絹糸腺細胞

上段①②はヤママユガの遺伝子を導入したカイコの絹糸腺の断面であり，③のコントロールと比較するとフィブロイン（f）が減少していることがわかる．下段は電子顕微鏡で観察したカイコ絹糸腺の断面で，①が通常のカイコ，②が遺伝子導入したカイコである．細胞の細胞質陥入（if）と粗面小胞体（er）は組換え体では活性が低いことがわかる．

別種のヤママユガ（テンサン）のフィブロイン遺伝子を導入した遺伝子組換えカイコを作出し，絹糸腺を電子顕微鏡で観察したところ，わずかにヤママユガのフィブロインを確認したが，その生成量はきわめて少ないだけでなく，後部絹糸腺の細胞活性がかなり低下していることも観察されている（Nagashima *et al.* 2008；図7.3, 7.4）．

現在，日本の農業生物資源研究所がリードしているものの，中国，チェコ，アメリカ，韓国，インドなどにおいてもトランスジェニックカイコの研究が開始されている．こうした全世界的な研究の進展により，近い将来上記の問題点をクリアーして，素晴らしいものづくりができることを期待している．

7.2 昆虫の構造をまねる－BIO-MIMETICS

ヤモリは，壁やガラス面を接着させて見事に這うことができる．また天井から落ちることもない．ハエも同様な動きをする．これはヤモリの足の裏に接着物質があるわけではない．彼らの足の裏には多数のミクロンレベルの細い毛がおよそ50万本高密度で生え，その先端に数百個の凹凸がある．この凹凸と壁（基盤）にファンデルワールス力が働きぴったりと接着できるという．そして足の角度を変えることにより，この力は一気に弱まり次の動きを可能にしている．ヤモリとい

う生き物は，この２つの能力をあわせもっているのである．これを応用して，アメリカではヤモリ型ロボット，日本では人工ヤモリテープが開発されている．このテープ（開発元：日東電工株式会社）は，ヤモリのように強力な接着力をもちながら，簡単にはがすこともできるすぐれものである．このように生物の構造をまねて人工的に作り出すテクノロジーを，バイオミメティクス（生体模倣技術）という．

さきにヤモリの例をあげたが，現在のところ最も多くこのテクノロジーのモデルとなっていると思われるのは昆虫である．それはいろいろな環境に生息するためのさまざまな適応の戦略がみられるからである．近年このバイオミメティクスに関する研究開発は工学系分野を中心に非常に盛んで，ヨーロッパやアメリカなどでは国家戦略として研究開発が進められている．日本はそれに比べるとやや遅れをとってしまっているきらいがある．

本節では，昆虫をモデルにした事例をいくつか解説する．

a. 昆虫ミメティクスから生まれるさまざまな製品

カに吸血されると，すでに刺されていた後に気づく場合が多い．この針（口吻）は，大顎・小顎からなり，根元は唇（上唇・下唇）で皮膚を押さえて，血管に注入する．この針は細いだけではなく凹凸があり，皮膚との接点が少なくなるようになっている．この細さと表面構造をまねた，痛さをあまり感じない注射針が開発されている．この針（開発元：株式会社ライトニックス）は，細いために細胞を壊すことが少なく，デンプンでできているために生分解性でもある．

モルフォチョウは，じつに美しい青色光沢を羽から放つ．これは翅に特別な色素があるわけでなく，鱗片のナノレベルの層状構造によって発色している．この構造を模倣することにより，色素を含まない光沢のある繊維（帝人株式会社「モルフォテック」）や反射材（株式会社丸仁「ライトフォース」）が開発されている．こうした生物を模倣した色の開発は，ファッションやセキュリティーの分野での活躍（反射材として，あるいはブランド品の偽装防止などに）が期待されている．また，まったく化学合成色素を含まないということで，化学物質に対するアレルギーや過敏症の防止という観点からも期待が大きい．

一方，ヤマトタマムシは頭部，胸部，前羽に縦に紫色のライン，そしてその他の背面部は緑色の光沢を放っている．しかも見る角度によってはブルーに近い色に見えることもある．このタマムシの発色メカニズムもモルフォチョウと同じ翅の微細構造によるものであるが，タマムシの場合は外皮の層状構造の間隔，つまりピッチを変えること

水に沈まないアメンボ

アメンボは常に水面を安定して浮遊することができる．彼らの脚には，1本で体重の約15倍，6本合計して体重の約90倍もの重さを水上で支える力があるが，その仕組みは脚先のナノ構造にある．電子顕微鏡で観察してみると，長さ約 50 μm の細かい毛が 20°の角度で規則正しく並んでいる．さらにその毛1本を拡大してみると，約 200 nm 間隔で溝が規則正しく並んでいる．溝の間に空気層を作り，毛で水を撥水することにより，効率よく水面に浮くことができるのである．この段階的な構造をフラクタル構造といい，近年では宇宙空間で太陽光パネルを効率よく展開する技術などに応用されている．

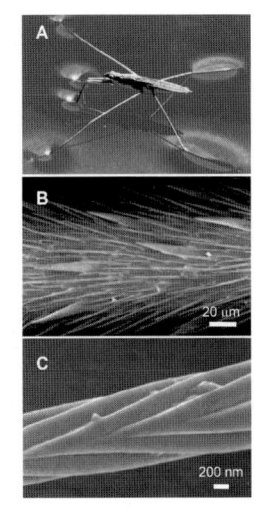

紫　緑

約 125 nm と数十 nm
14 層

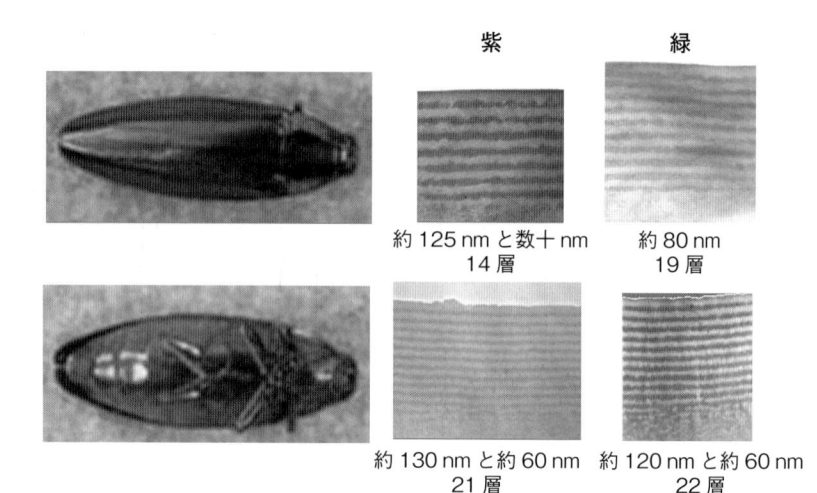

約 80 nm
19 層

約 130 nm と約 60 nm
21 層

約 120 nm と約 60 nm
22 層

図 7.5 ヤマトタマムシにおける各色部クチクラの透過型電子顕微鏡断面像

図 7.6 タマムシ発色に加工されたチタン（長島原図）

によって別の色を発色させている．たとえば筆者が調べたところ，背面部の緑の部分のピッチは 90 nm の 19 層，紫部分は 125 nm と数十 nm の 14 層，腹面部では緑の部分で 120 nm と 60 nm の 22 層，紫部分は 130 nm と 60 nm の 21 層と，部位によってその層の数も異なっていた（図 7.5）．また，タマムシの場合必要以上に層構造を作っているのも不思議である．

この層状構造をまねして，ステンレスやチタンを発色させる技術が開発されている（測注および図 7.6 参照）．これを筆者は「タマムシ発色」と名づけている．このタマムシ発色の利点は，錆びないこと，強度が増すこと，そして色素が含まれていないためにリサイクルもできる，という利点が加わることである．この構造は簡単に消失しないため，さまざまな製品に応用できる．仮にこの技術が鉄などのより広い素材に応用できれば，車のボディーが簡単にリユースできる日も夢ではない．しかも変色が起きにくいという利点もある．

驚くべきことは，昆虫はこうした発色を，炭素・窒素・水素などの

タマムシ発色の技術
洋食器の産地として知られ金属工業の盛んな新潟県燕市にある株式会社中野科学および株式会社ホリエによって，金属表面の膜の厚さをコントロールすることでほとんどの色が発色可能な技術が開発されている．

軽元素だけを利用し，常温・常圧という考えられない環境下で作ってしまう，ということである．しかも，タマムシに限ったことではないが，同じ種は必ず同じ模様を作り上げる．なぜ間違わないのか，不思議でたまらないと思うのは著者だけではないはずである．現代の科学技術で行われているバイオミメティクスは，生物のみせるオリジナルの機能に比べ，非常に非効率で不完全さが残っていることは十分に認めなければならないだろう．

キリアツメゴミムシダマシ（サカダチゴミムシダマシともいわれる）は，南アフリカのナミブ砂漠に生息する昆虫である．年間降雨量が数十 mm というこの砂漠では，数日ごとに大西洋で発生した霧が朝早くやってくる．この時にキリアツメゴミムシダマシは，砂丘を登り頂上で頭を麓に向けて逆さになる．この虫の前羽後方（逆さになった場合の頂上にあたる部分）にワックスの部位があり，その部分を中心に水蒸気を吸着，さらにその周辺から前部にはナノレベルの突起があり，超撥水機能（水をはじく機能）と水を接着させる機能の両方をもたせている．この水玉が背中のくぼんだ部位を通り，その水は自然と口に落ちて行くようできている．アメリカでは，この昆虫の撥水と接着をあわせもった表面構造を模倣した新素材が開発され，水滴がつかないガラスやくもらないメガネ，さらには砂漠でも水を集めるテントなどが作られている．

ヤママユガの幼虫は，胸部に銀色の小さなスポットを作る．この部分と周囲の外皮を電子顕微鏡で観察すると，周囲の皮膚の外皮の層は波状でピッチが大きいのに対し，銀色部分のそれは，ナノレベルの多数の層状構造を示し，かつその表面部はフラットである．この構造の結果として鏡のような銀色スポットが生じるものと考えられている（図 7.7）．またオオゴマダラというチョウの蛹は，金色の蛹を作ることでよく知られている．しかし，蛹化後 12 時間あたりでは，黄色に

チョウの鱗粉がもつ撥水構造

チョウの翅には水や汚れを撥（はじ）く微細構造が存在する．約 40×80 μm の鱗粉と約 1000〜1500 nm の隆起部で構成されるモルフォチョウの翅の表面と水滴との接触角度は 150°より大きく，水が非常に転がりやすい超撥水性をもつ．また，針状の突起は同じ方向に向いており，水滴および水滴に引きつけられる汚れが同じ方向に落ちるよう促すことがわかっている．こうした生物における撥水は，カタツムリの殻やハスの葉など多くの種でみられ，洗剤やエネルギーを用いずに汚れを落とせる材料・製品への応用が考えられている．すでに塗料，ガラス，繊維などで実用化され，経済的なものづくりとして注目されている．

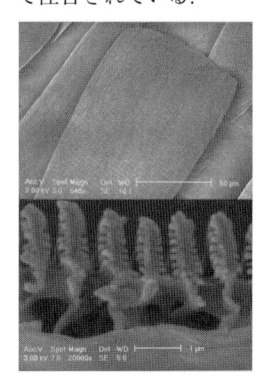

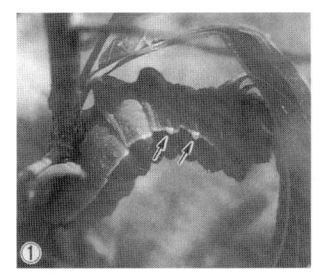

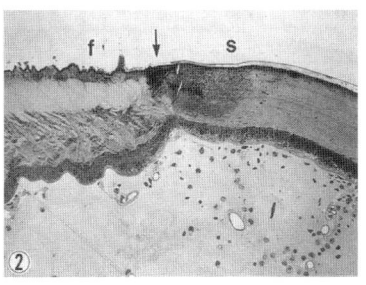

図 7.7 銀色スポット（矢印）をもつヤママユガ幼虫（赤井ら 1993）銀色スポット部分（右）と通常表皮（左）の断面．表面構造と表皮の層構造が異なる．

■コラム■　モスアイフィルムの誕生

　ガの多くは夜行性で，昼間活動する昆虫に比べ少ない光で行動しなければならない．特に，飛翔するために複眼に特別な機能をもたせる必要がある．多くのガの複眼の表面には，日中活動性のものに比べコルネアルニップル（corneal nipple）という構造が顕著にみられることが古くから知られていた．多くのニップルは光を有効に内部の視細胞に運ぶだけでなく，光を反射させないことにより外敵からの発見を防ぐ機能があるともいわれる．このナノ構造を人工的に作ることによって，無反射フィルムが開発されている（開発元：三菱レイヨン株式会社；図7.8参照）．このようなフィルムをテレビやパソコンの画面，ショーウインドウのガラスなどに利用すれば，角度を変えても反射しないため目が疲れることも少ない．重要なことは，近年のテクノロジーではこのようなナノレベルでの凹凸の作製が自由にできるようになっていることである．

図7.8　モスアイフィルムの映り込みの違い（写真提供：三菱レイヨン株式会社）

近い色で金色には至らない．この時点での蛹の皮膚を透過型電子顕微鏡で観察すると，規則的な皮膚のナノレベルの層は観察されない．しかし，12時間後にはこの層はナノレベルまで達し，同時に規則的な構造となる．この時点で蛹は金色となり，その後の差は肉眼的には認められない．しかし，蛹の皮膚の中ではナノレベルの層構造は成長を続け48時間あたりまで成長がみられた．これらの例のように，色という観点に絞っても，昆虫には新たなテクノロジーの種が無数に秘められている．

b.　昆虫型ロボットの開発

　昆虫の感覚器官や脳・神経系の研究が近年飛躍的に進み，さまざまな昆虫利用ロボットが作成されるようになってきている．

　カイコ雌成虫が性フェロモンを分泌・放出することはよく知られている．これは，暗闇の中でも効率よく雄を引き付けるための戦略の1つである．カイコガ雄成虫は雌に出会うためにこの匂い源を探索するが，その仕組みは単純かつ順序立った行動—「ジグザグ・クルリン」という—からできていることがわかっている．

この仕組みは，雌の放出するフェロモンの1つの塊が雄の触角に当たると，直進歩行・ジグザグ歩行を経てクルリンと回転する．雄はフェロモンの塊が当たるたびにこの一連の行動を繰り返す．雌の近く（フェロモン源に近く）になると何度もフェロモンの塊に当たるようになり，直進と小さなジグザグ歩行が繰り返される．やがて雄はフェロモン源に向かってより直進的に歩行することができるようになり，最終的にはフェロモン源に到達できるようになる．

このような行動にあたっては脳が重要な働きをしており，触角で受信された信号は神経によって処理され「ジグザグ・クルリン」を起こすことのできる信号に変換される．この昆虫が匂い源を探索するための脳のシステムを見本にして，35 mm 程度の小型ロボットが開発されている．ただし，昆虫の触角については現段階では複雑過ぎて人工のものは作れないため，本物のカイコ雄の触角を利用している．このロボットはフェロモンを感知し，カイコガ同様に匂い源に到達する．今後この匂い源探索ロボットはさらに精度を増し，さまざまな匂い（化学物質）に対して応答するものが開発されることが期待される．

コオロギの雌は雄の歌をみごとに感知し，その方向に体を向ける．この雌のコオロギが雄を探す仕組みを利用しようというロボットが音源探索ロボットである．コオロギの雄には羽にやすり状の構造があり，これをこすり合わせることと羽の反響を利用して種独特の歌（音）を奏でる．この音（チャープ）は，短く区切った約 4 kHz のシラブルという音が3から5回繰り返される歌の単位のようなものであり，雌の神経はこの周波数の音に最も敏感である．雄の歌が雌の聴覚に届く経路には，直接体の外側から左右の鼓膜（コオロギの鼓膜は前脚に存在）に伝わる経路と，胸部にある気門（昆虫が呼吸をするための器官）から気管を経由し，体内から鼓膜に伝わる経路の2通りがある．その2経路の行程差から音源の方向により左右の鼓膜での振動に差が生じ，雌はこれを感知して雄の方向を知ることができる．

この仕組みを取り入れたロボットが，オランダで開発されている．このロボットはコオロギのようにある周波数のみを感受するようにプログラムされており，スピーカーから流れる雄の歌に向かいみごとに進んでいくという．また，2台のスピーカーから歌を流すと，悩むことなく片方のスピーカーだけを選択し，コオロギの雌同様に「選ばれた雄」の方向に進んでいくという．このようなロボットは，人が入れないような狭い空間や危険な場所での探索が可能で，その応用に大きな期待がもたれている．

昆虫は6本脚で歩行する．この歩行を解析すると，トライアングル

体液で発電するゴキブリロボット

2011年11月，昆虫の体液に含まれるトレハロースを酵素で分解して発電するバイオ燃料電池が開発された．そこで，ゴキブリに燃料電池およびその電力で動くカメラ・センサーなどを搭載し，原発事故など人間の近づきがたい現場で活躍させようというアイデアが出されている．ゴキブリは放射能耐性が人間の数十倍高いという報告があり，電気刺激で昆虫を操る部品を付けることで情報を集めたい場所へ移動させることも可能である．ゴキブリには体液を取り出しても1年以上生き続けられる種も存在し，長時間の活動が期待できる．

（3本足）で体を支えて進んでいくことがわかる（3脚歩行）．この動きは胸部の中枢神経により制御されており，脚を1本なくした場合は脚の動かし方を変える．すなわち，脚がなくなったことを胸部の中枢神経が感知すると，残りの脚で最も安定する歩き方へと変更するのである．このようなメカニズムを取り込んだ6本脚歩行ロボットが作製されており，このロボットは脚が1，2本なくても安定して歩行することができる．

ゴキブリの歩行を後方からみると，地面の凸凹にかかわらず胴体は常に平行に保たれている．将来的には，不安定な足場でもゴキブリのようにみごとに歩行できる小型の昆虫型ロボットの開発が期待されている．さらには，昆虫が障害物をものともせず高速で移動できることを利用して，昆虫自らが操作する昆虫操作型ロボットなども試作されている．これは，自由に回転する球に乗せた昆虫の行動を計測しながら行動出力を代行するロボットで，実際の昆虫の動きを再現する精度は93%以上とかなりの高性能であるという．ヒトの脳も昆虫の脳も同じ神経細胞（ニューロン）から作られていて，形も機能も同じであるが，細胞の数はヒトの脳が1000億個に対して，昆虫では10万〜100万個しか存在しない．このような桁違いに少ない神経細胞によって巧みな行動や適応能力が発揮されているのは驚異的であり，制御や情報処理の分野でも果てしない応用への期待がある．

7.3　昆虫の機能をまねる技術－BIO-INSPIRED

アリは行列で大行進するが，渋滞を引き起こすことはない．この行列をよく観察すると，アリ達はある一定の間隔を必ず保ちながら歩行している．このメカニズムを利用したものが，渋滞を起こさない高速道路での車間距離制御である．このような機能性を利用した技術を，バイオインスパイアード（BIO-INSPIRED）と呼んでいる．

たとえば，アジア熱帯に生息するカブトムシの一種タイワンカブトは，雑菌だらけの土中で孵化し成長する．彼らはなぜ病気にならないのだろうか．じつは，昆虫は外皮のワックス層，消化管内の消化酵素，中腸の内膜，異物をただちに認識し食作用をおこす血球（顆粒細胞など）などをもち，物理的・化学的に複数の生体防御機構を働かせている．さらには，これら多くのバリアーを潜り抜けてきた細菌などを死滅させるディフェンシン，ザルコトキシン，セクロピンなど70種類以上に及ぶ抗菌性タンパク質も体液中にもっている．タイワンカブトは従来の抗生物質が効かないMRSA（メチシリン耐性黄色ブドウ球

菌) などの薬剤耐性菌に対しても効果のある抗菌物質をもっていることがわかっており，これを利用する研究が最終段階にまで来ている．

ここでは紙幅の関係上，昆虫の生活戦略の1つである休眠を利用した技術と，吸血昆虫の唾液を利用した新薬開発の可能性について簡単に解説する．

a. 休眠を利用した技術開発

昆虫は休眠をするものが少なくない．それは餌のない時期を耐え抜く戦略であったり，交尾の時期を揃えるための戦略であったりする．これまでに何度か登場しているヤママユガ（テンサン）も，生活史のなかで寒い冬を越すために休眠を行う．すなわち，成虫は年に1度（1化性）初秋に出現し，9月中旬から翌年の5月頃まで卵の状態（卵内部で幼虫体となるが春まで孵化しない）で休眠，越冬する．この卵（幼虫体）が休眠する際には，ヤママリン（Yamamarin）という物質（5種類のアミノ酸が結合したペプチドで，休眠維持物質 Any-RF とも呼ばれた）が合成される．このヤママリンを用いて，鈴木らは以下のような研究を行っている[6]．

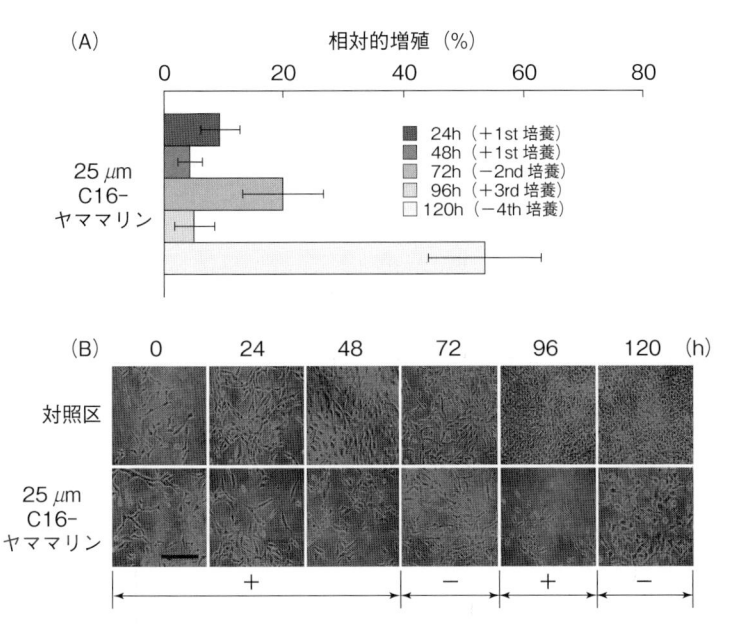

図 7.9 C16-ヤママリンによるラット肝がん細胞での細胞増殖抑制の可逆的作用（Yang, et al. 2007 を改変）
(A) C16-ヤママリンをラット肝がん細胞に添加し48時間培養（+1st培養），培養液からC16-ヤママリンを除去し培養を24時間継続（-2nd培養），再びC16-ヤママリンを添加して24時間培養（+3rd培養），培養液からC16-ヤママリンを除去して24時間培養を継続（-4th培養）．同じ培養細胞で計120時間培養を行った．
(B) 上記の一連の細胞の観察．0h下部のバーの長さは200 μm．

アワフキムシの提案する新しい入浴法

カメムシの仲間のアワフキムシは，草の茎に泡で巣を作る．この泡巣は9割以上が空気のため断熱材としての役割を果たし，内部の幼虫は快適にすごすことができる．空気・水以外の泡巣の構成成分は，アミノ酸のアラニン，グリシン，プロリン，セリンが66%を占めるという特徴的なもので，長時間泡は消えることがない．この断熱効果に着目し考案された泡風呂は，通常の風呂が水を200～300リットル使用するのに対し6～8リットルしか必要とせず，水資源やエネルギーの大幅な節約が可能となる．また，泡が壊れる際に超音波が発生し，汚れを落とす効果も持ち合わせている．さらに，入浴者や浴槽に水圧がかからないといった特徴もあり，車いすに乗ったままでの入浴システムなど，看護・介護関連分野への応用についての開発が進められている．

ラットの肝がん細胞にヤママリンを添加し，培養の経過を示したのが図7.9である．添加24時間，48時間後には無処理のものに比べ細胞増殖が抑制されていることがわかる．その後ヤママリンを除去し培養を続けると，再び増殖が観察される．この結果から，がん細胞は死滅したのではなく，ヤママユガのように休眠していたことがわかる．現在はさらに機能を強化したスーパーヤママリンが作られ，より細胞に入りやすい細胞増殖抑制剤となるよう研究が進められている．

休眠といえば，さらに変わったものがある．ネムリユスリカ，ホウネンエビ，カブトエビ，クマムシなどにみられるクリプトビオシス（cryptobiosis：乾燥無代謝休眠）である．甲殻類のカイアシ類 *Diaptomus sanguineus* では，300年以上も土中で休眠していた耐久卵が水を満たすことにより発生が開始されたという報告がある．このクリプトビオシス状態に入ると，乾燥だけでなく，低温，高温，さらには真空など，多くの過酷な環境に対して耐久性をもつようになる．休眠に入る際に生物体内では，生体成分や細胞膜を保護するトレハロースやHSP（heat shock protein）等の物質が発現することが知られている．2008年の夏には，宇宙ステーション「きぼう」にカブトエビの卵を載せて，宇宙空間での卵の孵化に成功している．現段階ではクリプトビオシスのメカニズムはまだ解明途上だが，将来の応用として受精卵や絶滅危惧種の乾燥による長期保存などが期待されている．

b. 昆虫の唾液で新薬開発

カやダニなどの吸血性小動物は，吸血することで栄養を得ており，ときにヒトからも吸血する．これらの小動物は進化の過程で独自の吸血機構を獲得していった．

通常血管中に異物が混入した場合，血液は凝固を起こし固まるが，吸血性小動物の場合，口器を差し込み吸血しているにもかかわらず血液凝固はいっさい生じない．この点に注目して，吸血性昆虫オオサシガメのもつ抗凝固タンパク質 Prolixin-S の研究が進められ，脳梗塞や心筋梗塞といった血栓症の病気，高血圧の新薬となりうる抗凝固剤として活用できる可能性が見いだされた（側注参照）．同様なことはカでも研究されているが，カの場合には抗血液凝固作用だけでなく痛み抑制活性なども注目される．

7.4 昆虫の生成物などを利用した技術開発－BIO-USED

生物が作り出すものには，きわめて複雑なナノ構造や機能性，安全

Prolixin-S の作用
Prolixin-S はオオサシガメが吸血する際，相手の血液に混入しその凝固を妨げる．鎮西康雄（三重大学）らはその作用機構の解明と抽出・生成に取り組み，Prolixin-S が内因性凝固因子 IX/IXa を阻害する抗凝固活性をもつだけでなく，血管平滑筋の弛緩材としての機能もあわせもつユニークなヘムタンパク質であることを明らかにした．

性などが含まれていることが近年明らかにされてきている．そして，それらのほとんどは20世紀の科学技術で作れるものではないことが認識されてきた．その最もよい例がヒトの血液である．

そこで，そのようなものは模倣して人工で作るのではなく，生成物そのものを利用した方が現代社会に受け入れられやすい，との考え方が主流となってきている．もちろんこのような手法では大量生産には結びつかないかもしれないが，生物多様性社会や持続的社会を目指すうえでは相性のよい科学技術である．

昆虫に関係するものでは，ミツバチが作るハチミツ，カイコが作るシルクなどがその代表であるが，ここではこの10年で急速に研究開発が進んできたシルクにスポットを当てて解説する．

a. シルクのテクノロジー

日本のシルク（絹）を生産するテクノロジー，つまり養蚕業は，世界トップクラスの研究蓄積と管理技術のもとに成り立っている一大産業であった（次頁側注参照）．そのためカイコ研究は日本の昆虫研究のなかで突出した研究実績がある．たとえば，孵化や羽化の時期のコントロールや，ホルモン処理により繭糸の太さ（デニール）を自由に調整することさえ可能である（図7.10）．また育種技術もきわめてすぐれており，人工飼料での飼育に適したカイコはもちろん，リンゴのようにクワ以外の飼料を食べて育つカイコまで開発されてきた．この世界に誇れる養蚕業が，まもなく日本から産業として消えてしまうことになるかもしれない．これはきわめて残念な事態である（側注参照）．現在では養蚕業のためのカイコ研究は衰退し，国の機関などでカイコ管理のしやすさを利用したトランスジェニックカイコの研究（前述）など，医療やバイオ分野等への応用が新たな中心となり技術開発が進められている．また，これらとは別に，もう1つ特記すべき研究の流れがある．それがシルクの機能性研究とナノ構造解析である．ここでは，この10年で急速に進歩し，ものづくりにまで発展している現状を中心に述べることにする．

b. 繭糸（シルク）の構造

カイコの繭糸（絹糸）は，およそ直径10 μm の三角形の断面をもつ1本の長い繊維で，1つの繭は約1500 m の糸でできている．この繭糸の中心部はフィブロイン（fibroin）タンパク質，その外側を複数のセリシン（sericin）タンパク質が数層に覆っている長繊維である．いずれも90%以上を占める高純度のタンパク質からなっている．両

マゴットセラピー

マゴットセラピー（Maggot Debridement Therapy：MDT）とは，ある種のハエの幼虫を利用して人の難治性創傷を治療する医療法である．この幼虫はタンパク質融解酵素を分泌し腐敗組織のみを摂食，除去する．幼虫の分泌物は薬剤耐性菌を含むさまざまな病原菌に対する殺菌作用をもち，さらに上皮化の土台となる肉芽組織の増生も促進する．このMDTによる治療は，包帯などを用いた通常の傷治療法に比べより効率的かつ効果的で，黄色ブドウ球菌等に対する抗生物質として知られているゲンタマイシンとの併用も可能である．MDTの利用により抗生物質による患者へのリスクを減少させ，より安全かつ安心した治療を与えることができる．

日本養蚕業の興隆と衰退

1859年の横浜開港以降，日本の生糸の生産量と輸出量は増加し続け，1909年には生糸生産高で中国を追い越して世界一となった．1930年代の日本の輸出品の約40%は絹であり，総務庁「日本長期統計総覧」によると1929年の繭生産量は38万t，生糸生産量は4.2万tで，1935年には生糸生産量は4.4万tにまで伸びている．当時の日本農家は560万戸で，そのうちの4割弱の222万戸が養蚕を副業としていたらしい．言い換えれば，絹で日本の外貨が稼がれ近代化が図られた，と考えても間違いない．この養蚕業も，ナイロンやポリエステルなどの化学合成繊維の登場により需要の激減とともに急激に減少し，2011年には国から養蚕農家への補助金制度廃止にまで追いやられてしまった．執筆時点の2011年現在，日本の養蚕農家数は200戸を下まわっている．

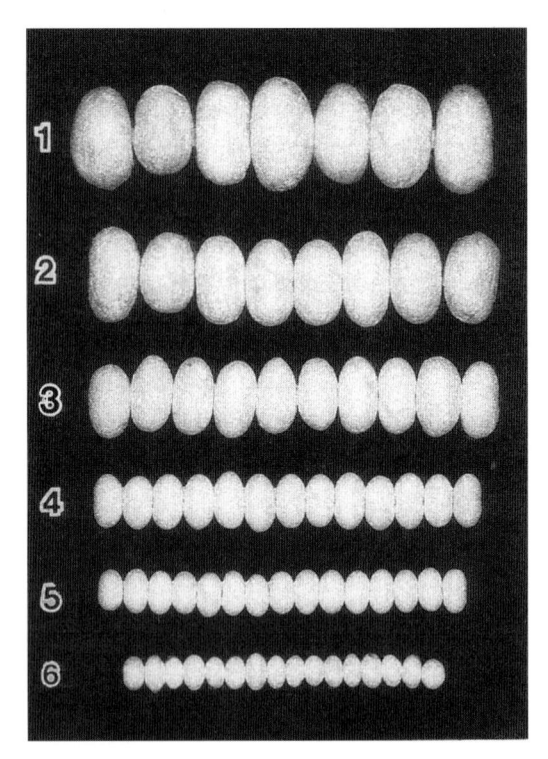

図7.10 ホルモン処理によって糸の太さを自由に変えられる日本のカイコ技術（赤井原図）
1：JH（幼若ホルモン）+Ecn（エクダイソンC）を投与したカイコの繭，2：JH（幼若ホルモン）を投与したカイコの繭，3：通常のカイコの繭，4〜6：Ant-JH（抗幼若ホルモン）を投与したカイコの繭．

者の比は，フィブロインが約75%，セリシンが約25%で，大半をフィブロインが占めている．一般にはセリシンは吐糸の際に一対の糸を接着する機能を有している．

このタンパク質を生成・分泌するのが絹糸腺である．カイコの絹糸腺は発生学的には唾液腺と相同な組織である．カイコ以外にもシルクを生成する昆虫はきわめて多い．昆虫全体を見わたすと11目のグループに絹のような繊維を分泌する昆虫がみられる（表7.1）．カイコや他のチョウ目の絹糸腺が唾液腺由来なのに対し，シロアリモドキ目などは前脚の皮膚腺（tarsal gland）からつながった多数の毛の先端から大量の糸を生成する．また，アリジゴク（ウスバカゲロウの幼虫）は，消化管のマルピギー氏管が変形して二次的な絹糸腺となり蛹を覆う繭糸を生成する．また，コウチュウ目のガムシの雌成虫は生殖腺の附属腺（accessory sex gland）が絹糸腺となり，自ら産卵した卵を覆うegg cocoonを形成し，孵化した幼虫はしばらくここをすみかとしている．これらの絹は，いずれも比較的類似したアミノ酸組成をもつタンパク質である．

表 7.1 昆虫のシルク生成器官 (Nagashima & Akai 1993)

LABIAL GLAND
Orthoptera (Gryllacrididae), Psocoptera, Thysanoptera (Aeolothripidae), Trihoptera, Lepidoptera, Hymenoptera, Diptera (Nematocera, Orthorrhapha)

TARSAL GLAND
Coleoptera (Carabidae, Curculionidae), Neuroptera (Chrisopidae, Myrmeleontidae)

ACCESSORY SEX GLAND
Coleoptera (Hydrophilidae), Neuroptera (Chrysopidae, Berothidae, Mantispidae)

表 7.2 カイコ絹糸腺の成長 (小野 1951, 田中ら 1980 より作成)

幼虫期	絹糸腺重 (mg)	各齢間の体重増加率 (倍)
蟻蚕	0.01	約 10
1 齢	0.20	約 6
2 齢	1.18	約 6
3 齢	5.70	約 5
4 齢	36.95	約 4
熟蚕	1635.00	

　カイコの絹糸腺は熟蚕期には体内最大の器官となり，体重の 40% を占める．この絹糸腺の発生をみると，胚子発生 36 時間に発生が開始し，60 時間頃には細胞数が増加し S 字型となり前・中・後の識別ができるようになる．この頃細胞分裂は終了し，2 個の細胞が抱合し線形となる．また，個々の細胞は肥大成長を開始し大きさと長さが増大していく．孵化前 24 時間の絹糸腺にはフィブロイン合成能も存在する．絹糸腺の細胞数は前部糸腺が約 290，中部糸腺 220，後部糸腺は 470 である．最終的には個々の細胞は大きさで数万倍，1 細胞あたりの重量で 16 万倍にまで成長するといわれている (表 7.2)．このフィブロインの合成速度は，ニワトリのヒナの肝臓アルブミン合成速度の 80 倍ともいわれている．胚子発育中に DNA の倍加のシステムが有糸分裂から核内有糸分裂 (endomitosis, internuclear mitosis) に変化するのも絹糸腺の特徴の 1 つで，この核内有糸分裂による DNA の複製回数は 19〜20 回と推測され，100 万近い核相をもつ．

　絹糸腺細胞のゴルジ体で作られたフィブロインタンパク質は，絹糸腺内の内側 (lumen) に移動し，自己組織化により次第に規則的な 200 nm オーダーのネットワーク構造を形成する (Nagashima & Akai 2008；図 7.11)．その後，このネットワーク構造は絹糸腺内で 2 μm ほどの団子状に集合してくる．後部絹糸腺内では大量の水分を含むが，

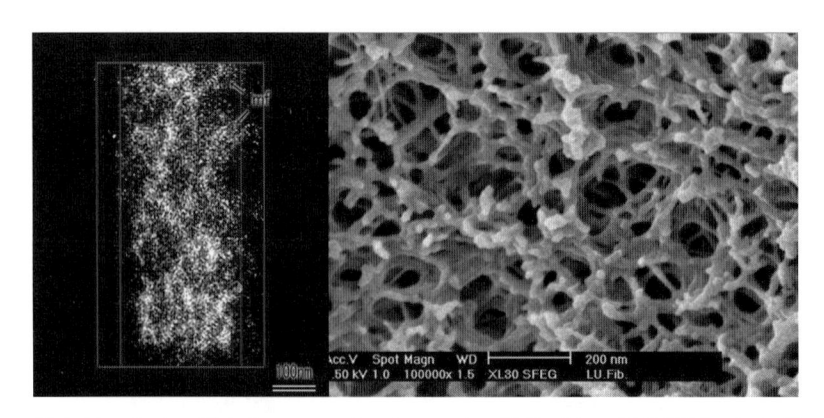

図 7.11 カイコ絹糸内のフィブロインのナノ構造（右：長島原図，および Nagashima & Akai 2008）
右は FE-SEM 像で，フィブロインによる約 200 nm のネットワーク構造が観察される．左は同じ部位の TEM による 3D 再構築像（日立 HT7700）．

これが中部糸腺に移動すると次第にネットワーク構造は圧縮され周辺にセリシンが分泌されてくる．前部糸腺に移動するとさらに引き伸ばされ，水分も消失し，最終的には急激に引き伸ばされた糸状の繊維として吐糸腺から吐き出される．カイコの糸が柔らかくて強い理由は，このネットワーク構造によるものが大きいと考えられる．

c. 機能性とものづくり

シルクの機能特性をみると，昆虫が古生代から繭を生成し続けてきた理由が理解できる．つまり，カイコが蛹化するときには幼虫時代の細胞や組織の大半はアポトーシスやヒストライシスなどにより破壊され，成虫の新しい細胞，組織に入れかわる．このときに蛹の体内は，ヒストライシス・食作用などを受けた死滅した細胞と，新しく生成された細胞などで，組織らしい構造は少なくある意味ドロドロ状態である．つまりこの時期には個体にとって動くことができないだけでなく，非常に無防備で危険な状態を過ごすことになる．ここで菌の侵入，紫外線などの攻撃を受けることは個体にとって致命的である．実際にこの時期に繭を外して紫外線を蛹に直接当てると，すべての個体が異常（がん化）となり，成虫になることなく死に至る．同様に，繭は温度管理や湿度管理の役割も果たしている．さらには，繭が簡単に捕食されては意味がない．そこでシルクには難消化性という機能もある．

これらの機能性をまとめたものが図 7.12 である．これからまず便利なものづくりを連想できるのが，無味無臭，吸脂性，紫外線遮蔽（図 7.13：カイコのシルクは紫外線 B 波を特に強くカットする），生体親和性，加工技術を利用した健康素材でもある美容液である．シルクはアレルギー反応を起こしにくく，化学物質過敏症の肌にも安心して使

7.4 昆虫の生成物などを利用した技術開発—BIO-USED   131

図 7.12 シルクタンパクの特性とものづくり（長島原図）

紫外線の波長
A 波：400〜315 nm,
B 波：315〜280 nm,
C 波：280 nm 未満.

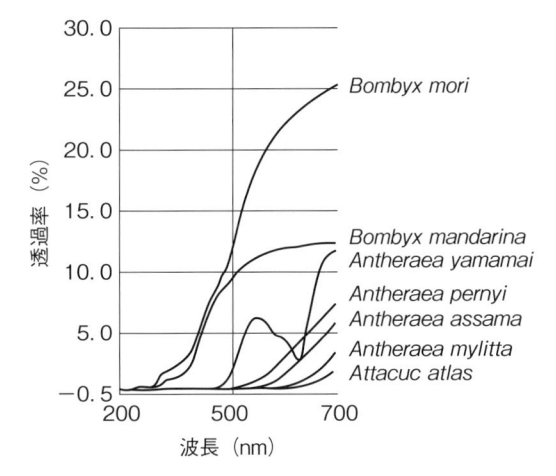

図 7.13 カイコガ科とヤママユガ科の繭の透過スペクトル（長島 2008）
カイコガ科（*Bombyx*）の繭は紫外線 B 波・C 波を遮蔽しているのに対して，ヤママユガ科（*Antheraea*）の繭は A 波・B 波・C 波を遮蔽する．

用できる．しかもタンパク質自体に制菌性（静菌性）があるため，防腐剤を使用することなく製品を作ることが可能である．この美容液の原料となるシルクは，フィブロインの基本的タンパク質構造を残した直径約 20 nm 程度の粒子で，水に一瞬で分散するものである．

　また，フィブロインタンパク質の吸脂性と，難消化性タンパク質（レジスタントプロテイン）としての特性を利用した健康サプリメントの開発も進んでいる．ヒトを対象にした臨床実験において，サプリメント給与により中性脂肪，血糖値，さらには HbA1c（ヘモグロビン A1c）の数値が有意に変化したという報告がなされている（Ueno *et al.* 2011）．現在この詳しいメカニズムは解明中であるが，シルクタンパク質がもつ特徴的なナノ構造が影響している可能性が考えられる．

d. リサイクル

　地球環境問題や石油資源の枯渇問題から，今やプラスチックも非石油由来の製品を考えていかなければならない時期にきている．また，作られて廃棄されたプラスチックのリユース（再利用）や，環境に負荷のかからない方法で処理するテクノロジーは重要である．この新しい取り組みの中で，生分解性プラスチック（グリーンプラスチック）の研究が盛んに行われるようになった．

　ここで，このエコマテリアルのヒントになるのが，生体材料や天然高分子である．これまでに生分解性プラスチックは微生物産生系，化学合成系，天然物利用系がすでに知られ，それぞれ開発にしのぎが削られている．特に天然物利用系プラスチック（バイオマスプラスチック）は日本が最も得意とする領域で，デンプン，キチン・キトサン，セルロースなどが主流になりつつある．海外でも盛んに研究が行われ，たとえばブラジルで開発されたナノセルロースプラスチックは，再生可能のうえ石油系のものに比べ30％も軽く，高強度で知られるケブラー繊維なみの強度をもつという．さらにこのナノセルロースプラスチックは熱，ガソリンそして水に対する耐性も高く，ダッシュボード，ボディパネルへの用途も考えられている．

　じつはシルクも成型加工が簡単である．シルクを溶解するだけでフィルム状，板状などいろいろな成型が可能である．それにセルロースやタンニン酸などをわずかに混ぜることにより，歯車型に成型するなどきわめて複雑な加工が容易にできる．しかもシルクの場合には，そこにシルクタンパク質の機能性という高い付加価値がつけられるのが大きな特徴である．シルクは高い生体親和性をもつことでアレルギーなどの心配がいっさいなく，子供の遊具にも安心して使える．また，シートとして使えば有害な紫外線を遮蔽してくれる．しかも，現在では複数の作成方法が確立されており，さっと水に溶ける水溶性のものから非水溶性のものまで作られるようになってきている．

　1970年代に比べ，わが国のシルクの生産量は99.2％減，生糸生産量では98.6％減と一気に落ち込んでしまったものの，絹製品の輸入は逆に多くなり，シルク製品としてのネクタイやスカーフなどはいまだに多く利用されている．そのような製品も，使用後は残念ながら燃えるゴミとして捨てられているのが現状である．しかし，シルクの特性を考えると，シルク製品はできるだけリユースした方がよいに決まっている．繊維として使えなくなってしまったものに対しては，プラスチックのような非繊維加工も重要な利用法と思われる．本来ゴミになるべき着物の古着（繊維が壊れ，糸としてのリユースができな

生分解性
　生分解性とは，微生物などによって1年以内に分解され，最終的には二酸化炭素と水にまで完全に分解されることで環境に蓄積されることがない，という性質をいう．

■コラム■ シルクを超えたシルク

　カンボジア等に生息するヤママユガ科の一種エリサンが生産するシルクは，繊維が細く切れやすいため，長繊維として利用されることはこれまでなかった．しかしカイコにはないナノレベルの管構造をもっているため，軽く，温度や湿度の調節にもすぐれている．

　一方，綿は短繊維でも撚って長繊維にして加工することができる．そこでエリサンのシルクが短繊維であることを活かし，繊維にする段階で特別な方法で綿と混紡して生まれたのが，2011年にシキボウ株式会社と東京農業大学が共同で開発した「エリナチュレ」である．綿と30%混紡した場合，綿100%の繊維に比べて，後加工することなくUVカット性を12～14%上昇，アンモニア消臭性も21%上昇することができる．さらにヤママユガ科シルクの軽さを兼ね備えており，通常の綿より11%軽い．「エリナチュレ」は，皮膚の弱い乳児やアレルギー体質の人，オーガニック・安心・安全を好む消費者に向けた新素材として，高い注目を集めている．また，開発者は生物多様性条約を意識しており，カンボジア主導型のビジネスを目指すという．現在，このエリサンを飼育するカンボジア農家は急速に増えている．

なったもの）から，プラスチックのハンガーができる．ひいお婆さんの古着が次世代のハンガーになり，そこにひ孫の着物がかけられる．これは過去～現代から未来へ，手から手へと引き継がれる命のきずなを象徴する光景とならないだろうか．このほか，生分解性ゴルフピンなども比較的簡単に実現可能と思われる．また，水に入れると大きく膨らむスポンジや発泡体もシルクから作ることができる．その他のプロダクトイメージでは，自動車の内装材，魚の切り身などを乗せるトレー，卵などのパック，玩具，女性用下着の一部，薬のカプセルなど，あらゆる生活のシーンに利用可能と考えられる．原料に安全なシルク（無垢のシルク）を使うことで，衣・食などの分野にも積極的に利用することができる．

文　　献

1) 藤崎憲治・西田律夫・佐久間正間編（2009）：昆虫科学が拓く未来，京都大学学術出版会.
2) 石田秀輝・下村政嗣監修（2011）：自然にまなぶ！ネイチャー・テクノロジー，Gakken.
3) Akai, H. and Nagashima, T.（2008）：*International Journal of Wild Silkmoth & Silk*, 47-52.
4) 川崎健太郎・野田博明・木内　信監修（2005）：昆虫テクノロジー研究とその産業利用，シーエムシー出版.
5) 長島孝行（2007）：蚊が脳梗塞を治す—昆虫能力の脅威，講談社.
6) 鈴木幸一（2009）：蚕糸・昆虫バイオテック，**78**(1)：3-11.
7) Maeda, S. *et al.*（1984）：*Proceedings of the Japan Academy, Ser. B*, 423-426.
8) 「商工ジャーナル」編集部編（2010）：テクノロマン・インタビュー，p.132-144，商工中金経済研究所.
9) Nagashima, T. *et al.*（2008）：*International Journal of Wild Silkmoth & Silk*, 39-46.

10) Tamura, T. *et al.* (2000)：*National Biotechnolgy*, **18**：81-84.
11) 山田勝成（2004）：バイオインダストリー，**21**(3)：21-27.
12) Akai, H. *et al.* (1993)：*International Society for wild silkmoths*.
13) Feng, X.-Q. *et al.* (2007)：*Experiments and Analysis Langmuir*, 4892-4896.

8 環境におけるバイオテクノロジー

〔キーワード〕 微生物相解析，排水処理，バイオレメディエーション，物質循環，特殊環境微生物

"環境におけるバイオテクノロジー"としては，生物の機能を利用することによる環境の悪化を防止する技術，環境を改善・利用する技術を指すとともに，それを支える，環境，特に生物面の環境を解析・評価する技術が含まれる．近年，分子生物学的手法の急速な発展により，環境解析技術の著しい進展がみられ，それによって生態系の理解が進み，後述するアナモックスや有機塩素化合物の嫌気処理などに顕著にみられるようにそれが汚染防止・環境修復等に応用されてきている．また，この環境バイオテクノロジーの主役を担うのは微生物であることから，本章においては，微生物に的を絞り，先に環境解析技術の概要を述べ，次に関連する微生物について概観し，処理技術，改善・利用技術について概説する．

8.1 環境解析技術

a. 微生物の分類・同定

高等動植物がおもにその明確な形態的区別によって分類・同定されているのに対し，微生物，特に原核生物は，形態的特徴が乏しいことから，そのわずかな形態的特徴（細胞自体の形態・鞭毛・胞子等）と生理学的性状（増殖に対する酸素の必要性や糖類の利用性等）および細胞壁の構造を反映した染色（グラム染色）等に基づいて分類・同定が行われてきた．しかし，近年の化学分析手法の進展により，分類・同定に脂質・細胞壁・核酸等の細胞成分の情報も利用されるようになり，特にDNAの分析を主とする分類・同定が主流となってきている．

(1) DNAによる分類・同定

DNAは遺伝子の本体であり，その塩基組成の変化は直接的に生物進化を反映してきたと考えられ，統計処理により客観的に比較可能で

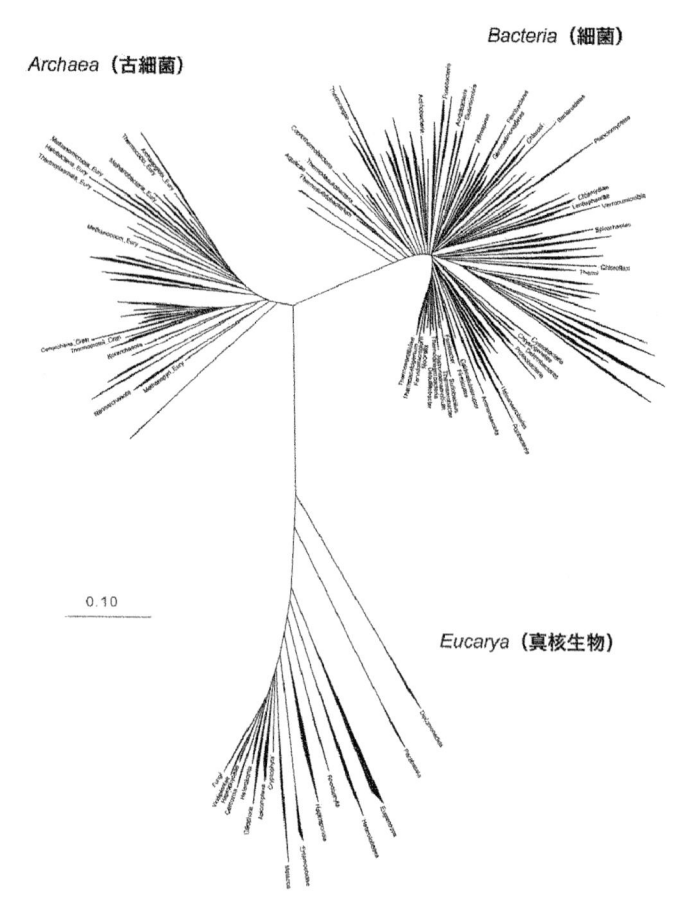

図8.1 SSU rRNA 配列に基づく生物の門レベルでの系統樹（中村・関口 2009）
門名が記載されているものは実際に分離株が存在するが，無記載の枝はまだ分離株が取得されていない塩基配列情報のみの門．

古細菌と真正細菌

ともに核膜をもたない原核生物であり，細胞構造はよく似ているが，核酸の塩基配列にもとづく系統の違い以外にも，細胞膜の脂質，細胞壁の構成成分，mRNA の構造等において大きな違いがみられる．古細菌は高度好熱菌，好熱好酸菌，メタン生産菌，高度好塩菌等のように特殊な環境に多く見いだされてきたが，通常の環境においても存在が確認されている．生命は共通の祖先から先に真正細菌が分かれ，後に古細菌と真核生物が分かれたと考えられており，真核生物のミトコンドリアと葉緑体は共生した真正細菌に由来すると考えられている．

あることから，分類・同定に最も適していると考えられる．生物であるかどうか意見の分かれるウィルスを別にすれば，生物はそのすべてがタンパク質の合成装置であるリボソームをもっており，その中にいくつかの RNA を構成要素としてもっている（rRNA）．近年，そのうちの SSU rRNA（スモールサブユニット rRNA，原核生物では 16S rRNA，真核生物では 18S rRNA）の遺伝子の塩基配列を比較することにより，全生物の進化的な近縁性を反映した系統樹の作成が行われてきている（図8.1）[7]．それによると，生物は大きく，真正細菌（Bacteria）・古細菌（Archaea）・真核生物（Eucarya）（分類群としてはドメイン domain と呼ばれている）に分類される．原核生物の分類に関してもこの 16S rRNA 遺伝子の塩基配列をおもな判断基準として，基本的には門・綱・目・科・属・種の順に細かくなるように分類がなされている．また，過去に報告された DNA の塩基配列はデータベース化されているが，この rRNA 遺伝子の塩基配列については

データベースが充実しており，インターネット上で容易に比較できるようになっている．特に近縁の生物を詳細に比較する場合には，他の遺伝子や遺伝子間の塩基配列も用いられることがある．

動植物においては，分類の基本単位である"種（species）"は「自然界で交雑が可能で生殖力のある子孫をつくり，他のグループから生殖的に隔離された個の集団」として定義されているが，基本的には交雑をしない原核生物においては，その生物のもっているDNAに基づいた定義「DNA-DNAハイブリダイゼーションで70%以上の値を示す株の集まり」が採用されている．これは2つの菌株のDNAを熱変性により一本鎖とし，その再会合実験を行ったとき，同一菌株間での二本鎖形成率を100%として，雑種の二本鎖形成率が70%以上となるものを意味している．

DNAの利用に関しては，4種類の核酸塩基の中のグアニンとシトシンの全塩基に対するモル比率（G+C含量）も，有効な分類指標として用いられている．

(2) その他の細胞成分の利用

真正細菌の細胞壁の構成成分としては，ペプチドと糖鎖からなるペプチドグリカンや，真正細菌のなかのグラム陰性細菌のもつリポ多糖と呼ばれる糖脂質があるが，そのアミノ酸や糖の組成が分類・同定に用いられている．また，真菌類（特に特徴の少ない酵母類）では，その細胞壁の糖組成も分類・同定に利用されている．

脂質成分のなかでは，真正細菌の細胞膜やリポ多糖のリン脂質を構成する脂肪酸の組成，呼吸の電子伝達系の補酵素として知られるイソプレノイドキノンの種類などがおもな分類・同定の指標として用いられている．

b. 微生物相解析技術

上記の分類・同定で述べたように，従来は，微生物の分離・同定には微生物の生理学的性状を調べることが重要であったので，微生物を培養して増やす必要があった．そのため，河川や畑のような環境中にどのような微生物がどのくらいいるかを調べるためには，まず，そこから取った試料に，微生物の生育に必要な成分と環境を与えて，もともと1個の細胞に由来する集団が区別できるようにして増殖させなければならなかった（一般には寒天で固化した培地上で微生物を培養する）．その際，培地成分などの生育条件を限定することや増殖してきた微生物の性状の検討を行うことで，特定の微生物の計測を行っていた．しかし，このようにして増殖してくる微生物の数は，実際に環境

試料中に存在する微生物の1%に満たないといわれている．

これに対し，上記のような化学分析手法による分類・同定が行われるようになってくると，微生物を増殖させなくても，環境試料中に含まれる化学成分（おもに核酸）を利用して，どういう微生物がどの程度いるかを調べることが可能になってきている．

(1) 直接検鏡による方法

微生物は形状の変化に乏しいため，光学顕微鏡を用いても環境試料中の微小粒子との区別が難しく，微生物の分類・性状に関する情報もほとんど得られない．そこで従来，微生物を各種色素で染色することが行われてきたが，近年，核酸の分析技術の応用により，さらに詳しい解析が可能になってきている．

1) FISH（fluorescence in situ hybridization：蛍光 in situ ハイブリダイゼーション）法

rRNAの特定領域の塩基配列（特定分類群に特異的な領域を選択する）に相補的となるように設計し，蛍光色素を結合させたオリゴDNA（蛍光プローブ）を作製する．その蛍光プローブを，フィルターもしくはスライドガラス上に固定・処理した微生物の細胞中のrRNAにハイブリダイズさせ，蛍光顕微鏡で観察することにより，特定分類群の微生物を検出・計数することができる（図8.2)[7]．

2) IS-PCR（in situ PCR）法

通常のFISH法では，細胞内に数コピー以下しか存在しないような遺伝子を検出することは不可能であるが，スライドガラス上などに固定された微生物の細胞中にてPCRを行うことにより，その検出を行

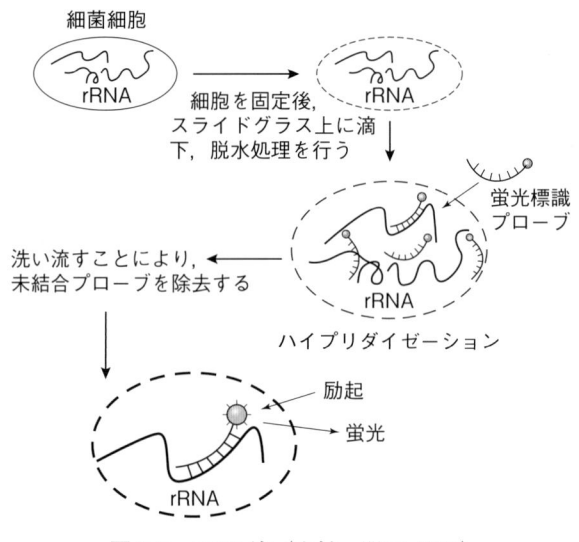

図8.2 FISH法（中村・関口 2009）

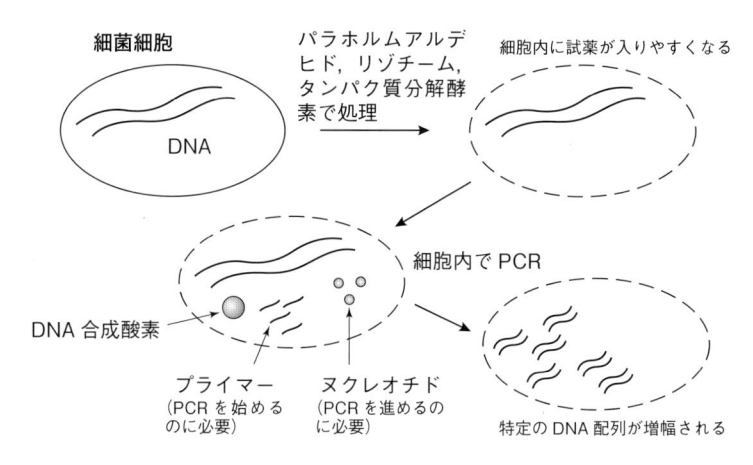

図 8.3 IS-PCR（*in situ* PCR）法（山口・那須 2004）

うことができるようになる（図 8.3）[10]．

  3) MAR-FISH (microautoradiography fluorecent *in situ* hybridization) 法

　放射性同位体を含んだ検討対象化合物を微生物に取り込ませてガラス上に固定し，上記の通常の FISH 法に従って蛍光プローブを rRNA にハイブリダイズさせた後，放射線検出のためのエマルジョンフィルムを滴下して露光させる．現像後，顕微鏡の同一視野において，放射線の軌跡を示す銀粒子と蛍光とを観察することにより，微生物の対象化合物の取り込み能力と分類群に関する情報を得ることができる．

(2) 核酸の抽出後に解析を行う手法

  1) ドットブロットハイブリダイゼーション (dot blot hybridization) 法

　上記 FISH と同様に，検出したい核酸の特定領域の塩基配列に相補的となるようにオリゴ DNA を設計し，RI による標識・蛍光色素の結合・化学発光や化学蛍光を起こすような酵素の結合等によって検出可能となるようにしたプローブを作製する．環境試料から抽出した核酸（おもに用いられるのは rRNA）を一本鎖にしてフィルター上に吸着させ，作成したプローブをハイブリダイズさせ，プローブの RI や蛍光や発光などの検出により，目的の核酸の配列の存在を調べる方法である．調べたい配列をもつ分離された微生物があれば，その量を標準として試料と比較することにより，ある程度の定量も可能である．

  2) クローンライブラリー (clone library) 法

　環境試料より抽出された核酸を用い，DNA の場合は直接に，RNA の場合は逆転写酵素を用い相補 DNA (cDNA) を合成した後に，特定領域の PCR を行い，PCR 産物をベクターに組み込んで大腸菌に入

れてクローニングを行い，ランダムにその大腸菌の一定数を選んでその組み込まれた DNA の解析を行う方法である．この PCR において全 DNA より特定領域を抽出することができるとともに，可変領域を含む領域の両末端の共通配列部分をプライマーとして増幅すると，ヘテロな産物が得られるが，これをクローニングにより個々の配列に分けることができため，ある程度の数の解析を行うことにより，環境試料中で特定領域のそれぞれの塩基配列をもつものの構成に関する情報を得ることができる．環境試料について 16S rRNA 遺伝子 DNA の 2 箇所の共通配列をプライマーに用いてこの手法により解析を行うことにより，環境試料中の微生物相の解析を行うことがよく行われている．

3) DGGE (denaturing gradient gel electrophresis：変性剤濃度勾配ゲル電気泳動) 法

DNA 変性剤の濃度勾配をつけたゲルの中で二本鎖 DNA を泳動すると，ある変性剤濃度のところで二本鎖がほどけてくる作用を利用したものである．このとき二本鎖の一端を G-C の対合が多い構造（GC クランプ部）にしておくと，G-C 結合はほどけにくいため，そこを残して他の部分が結合の強さに応じてほどけていき，移動のための抵抗が増すために，そこで濃縮されてバンドを作る．これにより PCR 産物のようにほぼ同じ長さの DNA でも，その塩基配列の違いにより分けることができる．ゲルからバンド部分の DNA の抽出も可能で，塩基配列に関する情報も得ることができる（図 8.4）[7]．これと同様の方法で，TGGE (temperature gradient gel electrophresis：温度濃度勾配ゲル電気泳動) 法があり，これは変性剤の濃度勾配の代わりに温度勾配をかけたもので，やはり一定の温度のところで二本鎖 DNA がほどけてくることを利用している．

4) T-RFLP (terminal restriction fragment length polymorphism：末端制限酵素断片長多型) 法

おもに rRNA 遺伝子に適用される．増幅する配列の 5′ 末端のプラ

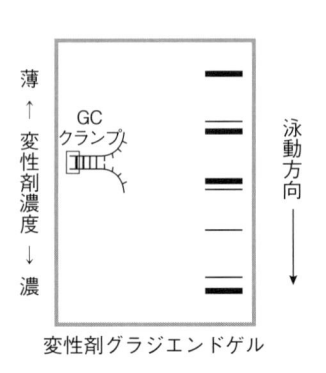

図 8.4 DGGE 法（中村・関口 2009）

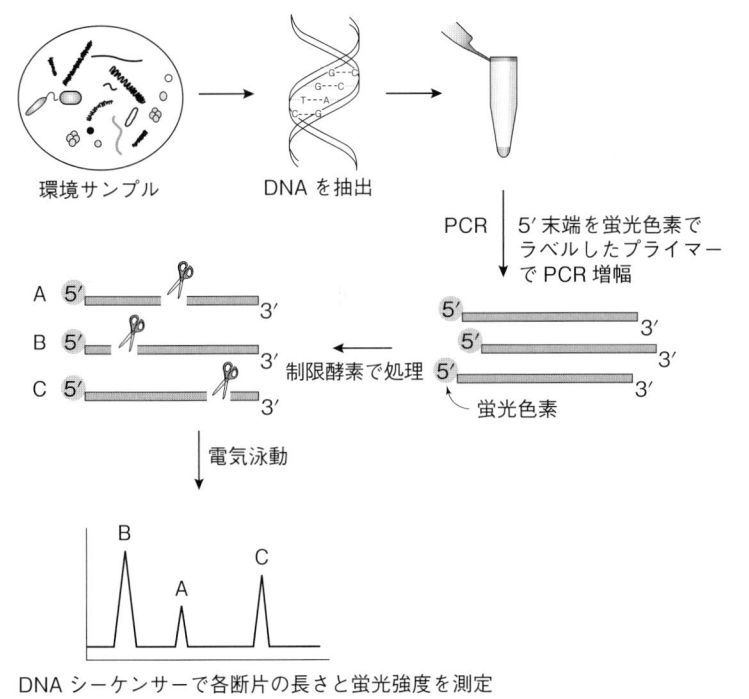

図 8.5 T-RFLP 法（中村・関口 2009）

イマーを蛍光色素で標識して PCR を行い，制限酵素で切断し，キャピラリー電気泳動で泳動して蛍光のピークを調べるものである．蛍光ピークの数から微生物の種類数，ピークの位置から微生物の種の特定，ピークの高さから微生物量の推定が可能となる（図 8.5）[7]．

5) SIP（stable isotope probing）法

炭素や窒素などの一部を安定同位体とした化合物を環境試料に加えて，それらが微生物の体成分となる程度の時間培養したのち，質量分析計などで安定同位体を含んだ体成分の分析を行うことでその化合物の代謝にかかわる微生物を区別することができる．分析を行う体成分として分類の指標となる成分を選べば，代謝にかかわる微生物の分類についての知見も得ることができる．特に，安定同位体を含んだ核酸については，そうでないものと比重が異なることを利用して試料から抽出した後で超遠心機による分離を行い，その配列の解析を行うことにより，より詳細な情報を得ることが可能となる（次頁図 8.6）[7]．

6) メタゲノム（metagenome）解析

純粋培養微生物のゲノム解析に対し，環境試料の微生物集団より直接 DNA を抽出し，その配列を徹底的に解析することによりその集団のゲノムをヘテロなまま解析する手法である．近年のシークエンス技術の進歩と，それにより得られる大量の情報の解析技術の進歩により可能になってきた．

メタゲノム解析

2004 年，ヒトゲノムの解読を行ったベンター（Venter）博士らによって，サルガッソー海の海洋細菌群集のメタゲノム解析の結果が発表された．取得された約 10 億塩基対の非重複塩基配列の解析結果から，少なくとも 1800 種の細菌種の存在と 148 種の未知細菌種の存在が推定され，さらに，120 万の未知遺伝子が見つかった．これにより，環境中の微生物群集の解析や新規有用遺伝子の発見に，メタゲノム解析が有用なことが認識されるようになった．

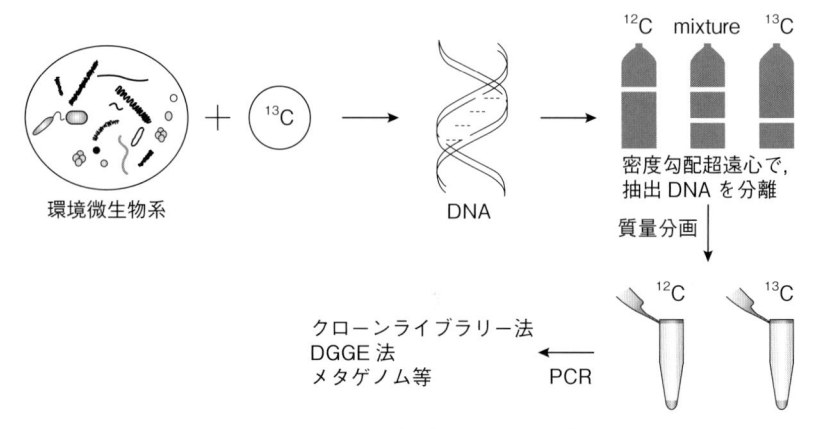

図 8.6 SIP 法（中村・関口 2009）

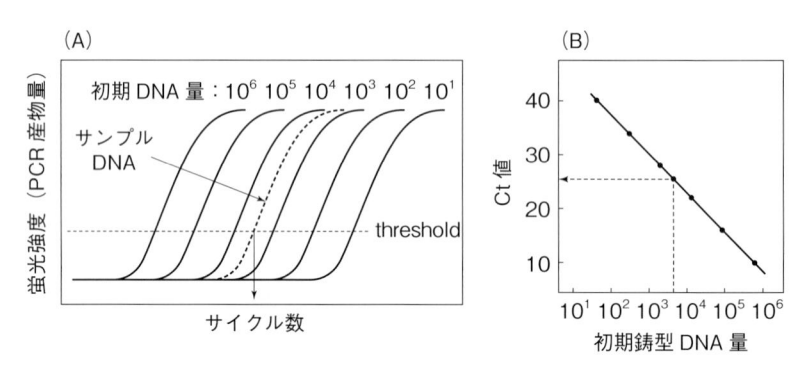

図 8.7 リアルタイム法（近藤 2004）
(A) 段階的に希釈した既知量の鋳型 DNA を用いて PCR を行ったときの PCR 産物量とサイクル数の関係，(B) Ct 値（一定の増幅産物量になるサイクル数）と初期 DNA 量．

(3) 定量的 PCR 法

抽出された DNA 中に特定配列をもった DNA がどのくらいあるかを PCR の手法を用いて定量する方法である．専用の機械を必要とするリアルタイム PCR 法や，ほぼ通常の PCR 法と電気泳動だけですむ競合 PCR 法などがある．

1) リアルタイム法

PCR の増幅産物を蛍光でリアルタイムに定量し，一定の蛍光強度に達するまでのサイクル数を調べることにより，もとの試料中の特定配列のコピー数を求める方法である．増幅産物の蛍光での検出手法としては，二本鎖 DNA に結合することによって蛍光を発する試薬を用いる方法や，DNA 合成の伸長によって分解されて蛍光を発す特殊なプローブを用いる方法等が用いられている（図 8.7）[3]．

2) 競合 PCR 法

目的とする DNA と，長さがわずかに異なるか制限酵素切断位置が異なるかで増幅産物の区別がつくものの，同一プライマーで同じ増幅

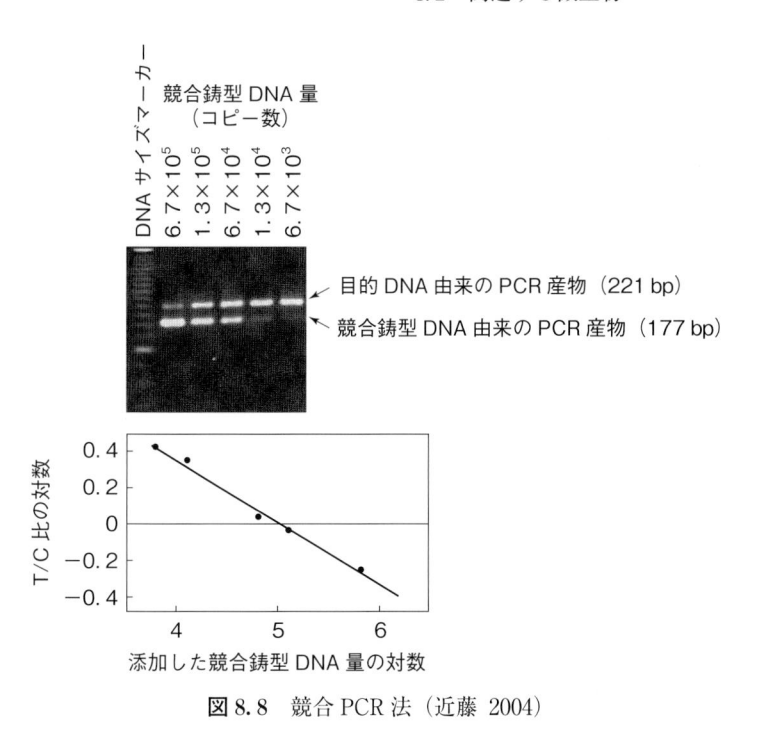

図 8.8 競合 PCR 法(近藤 2004)

効率であるような人工合成の競合 DNA を段階希釈して添加して増幅を行い,目的 DNA と競合 DNA の量比から目的 DNA 量を算出する手法である(図 8.8)[3].

8.2 関連する微生物

先に述べたように生物は大きく,真正細菌・古細菌・真核生物に分類される.微生物と見なされるのは,この真正細菌・古細菌と真核生物に属する真菌類,原生動物,藻類の一部である.

a. エネルギー代謝と微生物

生物はその生育と増殖のために,エネルギーと体を作るための炭素を必要とする.エネルギー源としては光を用いるもの(光合成生物)と化学物質を用いるもの(化学合成生物)がおり,炭素源としてはおもに無機態の炭素(CO_2)を利用するもの(独立栄養:autotroph)とおもに有機体の炭素を利用するもの(従属栄養:heterotroph)がいる(図 8.9).基本的に,動物は有機物を炭素源・エネルギー源とする化学合成従属栄養生物であり,植物は光をエネルギー源とし,CO_2 を炭素源とする光合成独立栄養生物である.微生物の多くは化学合成従属栄養生物であるが,植物と同様の光合成独立栄養のほかに,化学合成独立栄養,光合成従属栄養のものもいる.

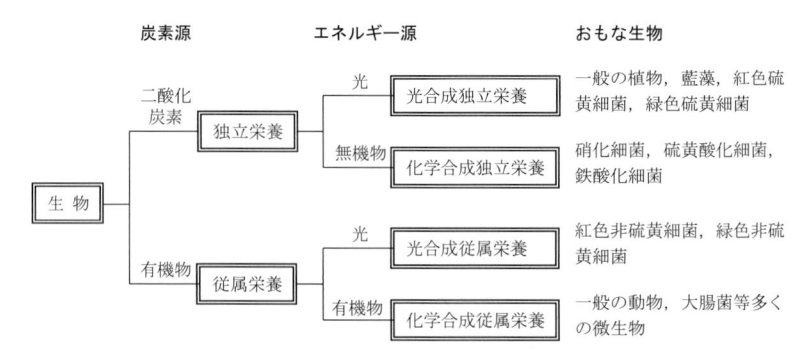

図 8.9 生物による炭素源とエネルギー源の利用

表 8.1 各種呼吸形式

呼吸形式	電子供与体	電子受容体
好気呼吸 (aerobic respiration)		
多くの従属栄養生物	有機物	O_2
アンモニア酸化細菌	NH_3	O_2
亜硝酸酸化細菌	NO_2^-	O_2
硫黄酸化細菌	S^{2-}, S, $S_2O_3^{2-}$ 等	O_2
鉄酸化細菌	Fe^{2+}	O_2
水素酸化細菌	H_2	O_2
嫌気呼吸 (anaerobic respiration)		
硝酸呼吸	有機物	NO_3^-
硫酸呼吸	有機物, H_2	SO_4^{2-}
炭酸呼吸 (メタン生成)	H_2	CO_2
塩素呼吸	H_2	有機塩素化合物

　生物は，獲得したエネルギーをおもにATPの形で蓄積し，利用している．上記の化学物質を用いるエネルギー獲得方法である化学合成には，1つの物質の分解過程のなかでATP合成（基質レベルのリン酸化）を行っていく発酵と，生体外の二種の物質を電子供与体と電子受容体としその酸化還元反応を利用してATP合成（酸化的リン酸化）を行う呼吸の2つの手法がある．生育のために分子状酸素を必要とする好気性生物は後者の手法（酸素呼吸）を用いており，酸素を電子受容体としている．この場合，電子供与体を有機物とするのが多くの化学合成従属栄養生物だが，電子受容体を硫化水素などの硫黄化合物とする硫黄酸化細菌，アンモニアや亜硝酸とする硝化細菌（アンモニア酸化細菌・亜硝酸酸化細菌）などの化学合成独立栄養生物もいる．一方，分子状酸素を利用できない状況で生育できる嫌気性生物には発酵の手法を用いるものと呼吸（嫌気性呼吸）を用いるものがある．嫌気性呼吸における電子受容体には NO_3^-（脱窒など），SO_4^{2-}（硫酸還元），CO_2（メタン発酵）などが用いられる（表8.1）．

　一方，光合成独立栄養においては，CO_2を還元するための還元力として水と光エネルギーを利用するのがシアノバクテリアや植物であ

り，結果として酸素を発生する．これに対して嫌気条件下で硫黄化合物を還元力として利用するのが光合成硫黄細菌であり，酸素は発生しない．

b. 物質循環と生物
(1) 炭素の循環

炭酸ガスは光合成および化学合成独立栄養細菌によって有機物に変換される．生成した有機物は従属栄養生物によって，好気的には再び炭酸ガスとなり，嫌気的にはメタンと炭酸ガスになる．

メタンは嫌気性の古細菌であるメタン生成菌によって，炭酸ガス（もしくは一酸化炭素かギ酸）と水素，メタノールやメチルアミンなどのメチル基をもった化合物，酢酸のいずれかから生産される．メタンの酸化に関しては，好気的には，メタンもしくはメチル基をもった化合物以外はほとんどエネルギー源として利用できない一群のメタン資化性菌によってメタノール，ホルムアルデヒドを経て酸化される．嫌気的には，主には硫酸還元菌と嫌気性古細菌との共生により酸化されることが知られている（図8.10）[4]．

(2) 窒素の循環

多くの従属栄養細菌による有機物の分解や，根粒菌などの働きで大気中の窒素ガスから変換（固定）されて，アンモニアが生成する．硝化細菌（アンモニア酸化細菌・亜硝酸酸化細菌）はアンモニアを亜硝酸塩，硝酸塩に酸化することによってエネルギーを得ている．一部の細菌は，嫌気条件下で硝酸塩を電子受容体として有機物を酸化する硝酸呼吸によって，硝酸塩をおもに窒素ガスとして大気中に放出する（脱窒：denitrification）．多くの生物において硝酸塩の一部はアン

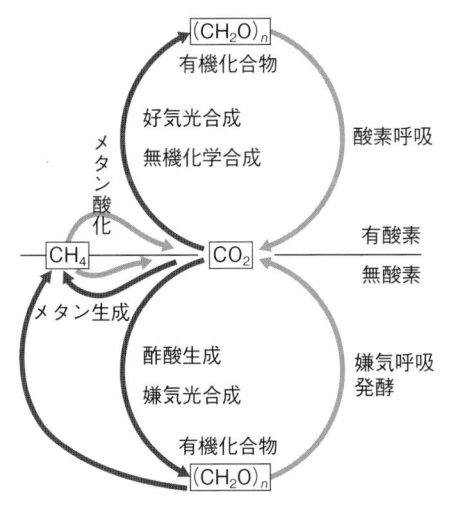

図 8.10 炭素循環（Madigan & Martinko 2006 を一部改変）

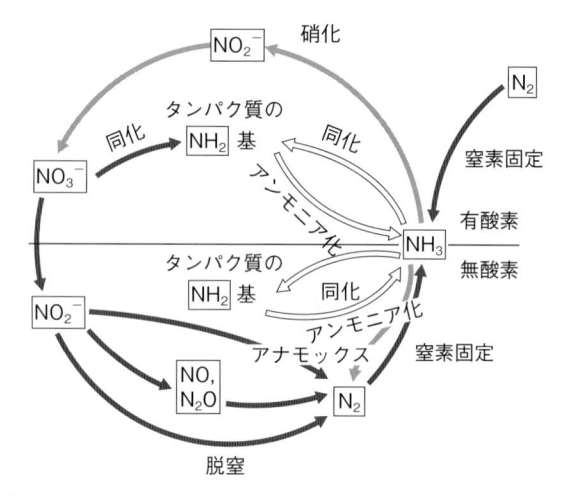

図 8.11　窒素循環（Madigan & Martinko 2006 を一部改変）

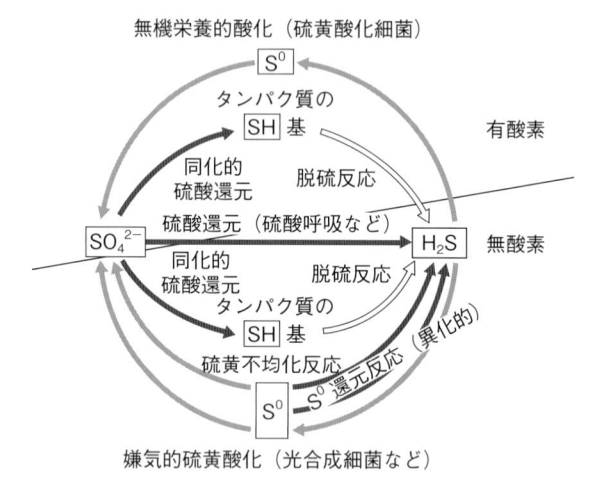

図 8.12　硫黄循環（Madigan & Martinko 2006 を一部改変）

モニアを経てアミノ酸等の生体成分として有機化される．近年，嫌気条件下でアンモニアを電子供与体，亜硝酸を電子受容体として直接窒素ガスへ変換するアナモックス（Anammox：anaerobic ammonium oxidation）反応を行う独立栄養細菌やカビによる脱窒反応も見いだされている（図 8.11）[4]．

(3) 硫黄の循環

多くの微生物は硫酸塩を細胞内に取り込み，含硫アミノ酸などに還元・同化する．また，同化された硫黄化合物を分解し，硫化水素として放出する．硫化水素は酸素存在下においては硫黄酸化細菌により，嫌気的には光合成細菌の紅色硫黄細菌・緑色硫黄細菌などにより酸化され硫酸塩となる．硫酸塩は，嫌気条件下で硫酸還元菌により有機物酸化の際の電子受容体として利用され，硫化水素に還元される（図 8.12）[4]．

硫黄の循環と硫化メチル

硫化メチル（dimethyl sulfide）は，パルプ製紙工場や屎尿処理場などで発生し，悪臭防止法の規制対象となる悪臭物質の1つであるが，一方で"磯の香り"として親しまれてきた物質でもある．海洋に生息する藻類はその前駆物質を細胞内浸透圧調整物質としてもっており，その分解によって硫化メチルが放出される．この物質は，硫黄の循環において大気に放出される主要な硫黄化合物の1つである．また，大気中で酸化されて硫酸イオンとなり，雲形成の際の水蒸気凝結の核となることから，その増減は太陽光の反射の増減をもたらし，地球の気候変動にも影響を及ぼしている．

c. 微生物とその生育域

生物の系統樹は，その根本付近には好熱性の生物（thermophile）が多く，初期の生物化石の解析等から，生物は海底の熱水噴出孔付近で誕生したものとする説が有力である．また，系統樹の根本付近では種々の化学合成系の代謝を行う細菌がおり，初期の生物においても多様な代謝系が存在したことをうかがわせる．近年では400気圧で122℃でも生育可能な（最適温度は105℃）メタン生成細菌が熱水噴出孔から分離されている．そうした熱水孔付近の地下にも，同じような微生物の存在が示されつつある．95℃を超える温度で生育できる微生物の多くは嫌気性の古細菌である．

さらに，海底下および地下一般についても岩石の空隙に微生物の存在が確認され，それをもとにした計算によると，地下全体には陸上の全生物量に匹敵するくらいの生物量の存在が想定されている．

微生物のなかには，飽和食塩濃度でも生育可能なものがいる．2.5～5.2 Mの食塩濃度で生育できるものを高度好塩菌（hyperthermophile）とよび，古細菌に属する．高度好塩菌のもっているタンパク質は，高塩濃度でも凝集しにくくなっている一方，低濃度では変性してしまう．このため低塩濃度では生きていけない．

pHについては－0.06に生育できる古細菌（至適生育pH＝0.7）が温泉の噴気口から，また12.5（至適生育pH＝10.0）に生育できる真正細菌が鉱山の地下から発見されている．これらの極端なpH域に生育する微生物においては，細胞の内部は中性付近に保たれており，おもに細胞膜にそうした環境で生育できる機構を備えている．

8.3 環境汚染防止

a. 排水処理

下水道などの排水の処理では，最初に固形物や油脂などの不溶物を沈殿やスクリーン（網状のもの）で除き（一次処理），次に溶存している物質を取り除く処理が行われる（二次処理）．一般に，この取り除くべき溶存物質の主要なものは有機物であり，この処理には生物を用いた処理が，効果的であり経済的でもあるので，主として用いられている．二次処理でも放流基準などの目標を達成しない場合には，さらに凝集沈殿，オゾン処理，活性炭処理などの処理が行われる（三次処理）．

この生物を用いた処理法としては，酸素の存在状態で処理する好気性処理と，酸素を必要としない嫌気性処理に大きく分けられる．さら

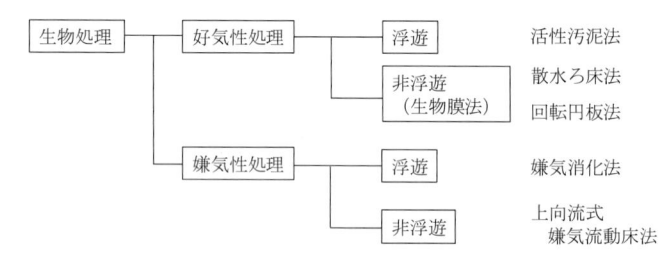

```
生物処理 ─┬─ 好気性処理 ─┬─ 浮遊 ──── 活性汚泥法
         │              └─ 非浮遊 ── 散水ろ床法
         │                 (生物膜法)  回転円板法
         └─ 嫌気性処理 ─┬─ 浮遊 ──── 嫌気消化法
                        └─ 非浮遊 ── 上向流式
                                     嫌気流動床法
```

図 8.13　廃水の生物処理法

に，それぞれに浮遊状の微生物を用いる手法と粒子や膜状の微生物を用いる手法とがある（図 8.13）．好気性処理の方が，処理水の水質はよくなるが，嫌気性処理ではメタンの形で一部のエネルギーの回収ができる．また，好気処理の方が微生物のエネルギー効率がよいため，余剰汚泥（生成菌体）が多くなる．

(1)　好気性処理

好気性処理法としては，浮遊状の微生物を利用する手法として活性汚泥法，膜状の微生物（生物膜）を利用する手法として回転円板法や散水ろ床法などがある．好気性処理において，有機物は二酸化炭素と水に分解される．

1）　活性汚泥法（activated sludge process）

現在，有機性排水の処理において最も普及しているのが，活性汚泥法である．活性汚泥とは，汚水に空気を吹き込んでいるとできてくる，多種の好気性微生物を含む茶色のふわふわしたものである．これが，汚水中の有機物を取り込んで酸化分解してくれると同時に，汚水を与え続けると中の微生物が増殖して活性汚泥は増えてくる．また，空気の吹き込みをやめて静置しておくと凝集して沈降していく．活性汚泥をおもに構成するのは，フロック（floc；固まり）形成細菌として知られる *Zoogloea* 属のほか，好気性土壌細菌類の *Pseudomonas*，*Alcaligenes*，*Flavobacterium*，*Achromobacter*，*Corynebacterium* 属等の細菌類であり，細菌を捕食する *Vorticella*，*Aspidisca* 属の繊毛虫類と呼ばれる原生動物の仲間等も含まれていて，水の清澄化に役立っている．

活性汚泥法の基本的プロセスは，その活性汚泥の性質を利用したもので，不溶物を取り除いた一次処理水を曝気槽にて通気攪拌の下で活性汚泥と混合して有機物を分解した後，沈殿池にて活性汚泥を重力で沈降させ，上清を消毒等の後に処理水として放流し，沈殿した活性汚泥は一定量を返送汚泥として曝気槽に戻し，残りは余剰汚泥として廃棄する（図 8.14）[8]．沈殿池において活性汚泥が沈降しにくくなる現象をバルキング（bulking）と呼び，*Sphaerotilus*（細菌）や

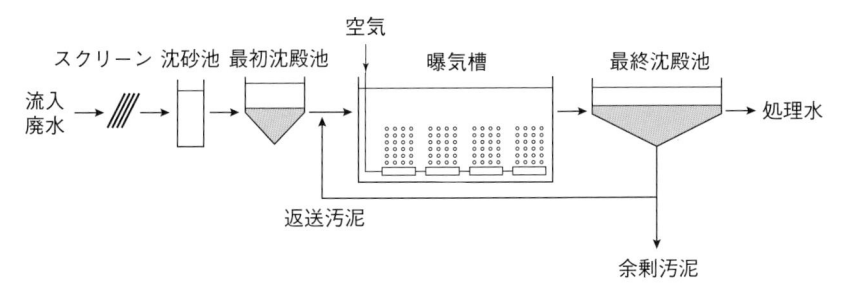

図 8.14 活性汚泥法（大森 2000）

Geotrichum（糸状菌）などの糸状性微生物が異常に増殖して起こる場合が多い．流入排水の量や有機物濃度の変化に対しては，返送汚泥量を調節することにより対応できる．活性汚泥法は基本的には微生物処理であることから，pHは6.0～8.0の中性付近，温度は20～30℃（15℃以下になると水質の悪化が起こりやすい）が望ましく，微生物の増殖のためにBOD：N：P＝100：5：1程度の窒素とリンが必要である．このような標準型の活性汚泥法に対して，おもに小規模向けの，1つの槽で曝気と沈殿を行う回分式活性汚泥法や，環状の反応槽で回転ブラシなどの機械的曝気装置により曝気と流動を行うオキシデーションディッチ（酸化溝）法などの変法も用いられている．

2) 生物膜法による排水処理

生物膜法は付着物の上に生物膜（biofilm）を生成させ，その膜中の生物により排水中の有機物を分解するもので，増殖速度の遅い生物でも保持できることから，細菌のみでなく，細菌を補食する原生動物，さらにそれらを補食する一部の後生動物も存在できる．食物連鎖が高次になるほど生物量は減少するため，活性汚泥法に比べると同じBODの減少に対して生成する汚泥量は少なくなる．活性汚泥法に比較して運転管理は容易であるが，負荷の変動に対しての対応は難しい．

(i) 回転円板法：　軸の回りに20～100 mm前後の間隔で多数の円板を取り付け，40％程度を水槽に浸漬し，円板の周速が20 m/分以下くらいとなるように緩やかに回転させることによって，円板上に生物膜を生成させ，水中にあるときは有機物が生物膜に吸着され，空気中にあるときは酸素が吸収されて生物分解される方式である．ユスリカの発生や悪臭対策として覆いをかけるのが一般的である．

(ii) 散水ろ床法：　砕石やプラスチックのろ床に上部から排水と循環水を散水機などにより散水し，ろ床表面に生成した生物膜が空気中の酸素を利用し，有機物を酸化分解するものである．生物膜法の起源とも言える方法であるが，ハエ等の発生と臭気の問題，また除去率が低いこと，礫自体の体積が反応に寄与せず反応容積が大きくなるこ

BOD

有機汚濁を測る代表的な指標の1つで，Biochemical Oxygen Demand（生物化学的酸素要求量）の略称．水中の好気性微生物によって消費される溶存酸素の量であり，試料を希釈水で希釈し20℃で5日間放置したときに消費された溶存酸素の量（O mg/L）から求める．これに対して，試料中の物質（おもに有機物）の酸化に必要な酸化剤（過マンガン酸カリウムなど）の量を相当する酸素の量で表したものがCOD（Chemical Oxygen Demand：化学的酸素要求量）である．環境基準では，河川はBOD，湖沼と海域はCODにより定められる．

ともあり，現在では少なくなってきている．

(2) 嫌気性処理

　嫌気性処理においては，有機物はおもにメタンと二酸化炭素に分解され，この過程はメタン発酵と呼ばれている．多糖やタンパク質などの高分子はおもに発酵細菌によりアルコールや有機酸に加水分解され，水素発生酢酸生成菌により水素・二酸化炭素・酢酸に分解される．その水素・二酸化炭素からと酢酸からの2通りの経路でメタン生成菌によってメタンが生成する．このメタン生成菌の生育は非常に遅く（世代時間は10日以上），この反応が全体の律速になっている．浮遊状微生物を用いる方式として嫌気消化法，非浮遊の方式としては，担体を槽内に充填してそれに付着させる嫌気性ろ床法，上向流式嫌気流動床法などがある．最適温度範囲については36～38℃の中温発酵法と53～55℃の高温発酵法がある．メタン生成細菌の最適pHは6.8～7.5と比較的狭い範囲であり，生成するアンモニアや低級脂肪酸の阻害作用がpHによって変わるため，pHの管理は重要である．

1) 嫌気消化法

　密閉した発酵槽内に排水や汚泥を保持するのみ，もしくは加温と撹拌を行う形式のもので，初期から余剰活性汚泥の減容化や高濃度有機排水の前段階処理等として用いられてきた．増殖速度の遅いメタン生成菌を保持するため，滞留時間が長くなり，発酵槽は大きくなる．

2) 上向流式嫌気流動床（UASB：upflow anaerobic sludge blanket）法

　メタン発酵の処理速度を上げ，槽容積を減らすためには，生育の遅いメタン生成菌を発酵槽内に大量に保持する必要がある．UASB法は，メタン発酵槽内での発生ガスの上昇による緩やかな撹拌により，細菌が1～2 mmの大きさのグラニュール（小粒）を形成する作用を利用したものである．これにより，嫌気消化槽の10倍程度の高濃度の汚

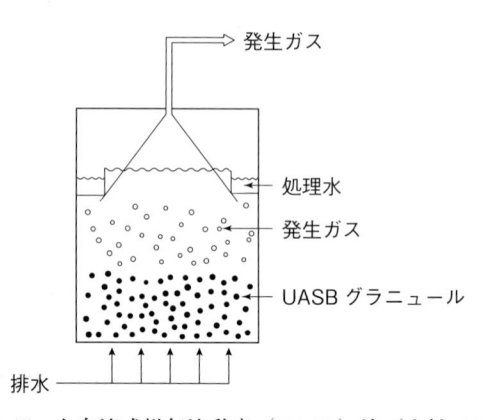

図 8.15　上向流式嫌気流動床（UASB）法（中村 2002）

泥を槽内に維持することが可能で，高濃度有機排水を処理でき，発酵槽の小型化が可能となった．また，グラニュールの沈降速度が早いことから高い処理速度の設定が可能である（図8.15）[6]．

(3) 排水中の窒素・リンの除去

1) 窒素の除去

(i) 循環式硝化脱窒素法： 排水中の窒素除去については，活性汚泥法に修正を加えて窒素とBODを同時に除去する循環式硝化脱窒素法が，現在主流となっている．この方法は，アンモニア性窒素を好気条件下で亜硝酸あるいは硝酸まで酸化する硝化工程と，その処理水を嫌気条件に導き亜硝酸・硝酸を窒素ガスとして還元除去する脱窒素工程からなる．順番としては，脱窒素工程を前段に硝化工程を後段にもって来て，硝化工程を経た排水のかなりの部分が前段の脱窒素工程に戻される（図8.16）[8]．硝化過程においては化学合成独立栄養細菌であるアンモニア酸化細菌により，アンモニアが亜硝酸に酸化され，その亜硝酸が同じく化学合成独立栄養細菌である亜硝酸酸化細菌により硝酸に酸化される．この排水を嫌気条件におくことで，排水中の有機物を電子供与体とし，硝酸を電子受容体とする硝酸呼吸によって有機物は酸化され，硝酸は窒素ガスに還元される（脱窒）．脱窒に関与する微生物は，増殖に有機物を必要とする従属栄養細菌であるが，好気性条件下では酸素呼吸を行い，嫌気条件下では硝酸あるいは亜硝酸を電子受容体とした硝酸呼吸のできる通性嫌気性細菌で，多くの細菌が報告されている．

(ii) アナモックスプロセス： アナモックス反応は，1990年代に見いだされた生物学的窒素変換反応であり，嫌気性の独立栄養細菌（アナモックス細菌）が，無酸素条件下においてアンモニアを電子供与体，亜硝酸を電子受容体として直接窒素ガスへ変換を行うことによりエネルギーを得ている．従来の硝化脱窒法では，アンモニアを一度硝酸まで酸化する必要があったが，このプロセスではアンモニアの一部を亜

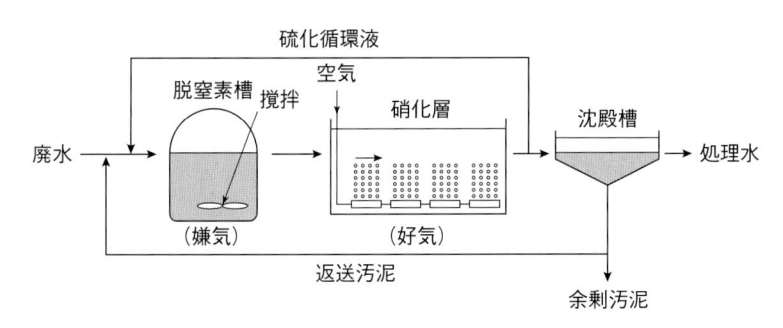

図8.16 循環式硝化脱窒素法（大森 2000）

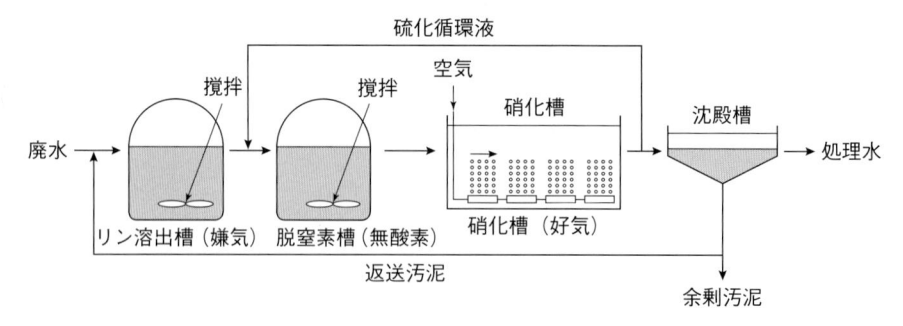

図 8.17 リンと窒素の同時除去（A_2O 法）（大森 2000）

硝酸に変換するのみでよく，また，電子供与体としての有機物の必要もない．こうした特徴から，有機物負荷の低い高濃度窒素排水からの窒素除去への応用が図られつつある．

2) リンの除去

活性汚泥を嫌気状態に置くと，活性汚泥中のリン蓄積微生物がリンを放出し，次にその活性汚泥を好気状態に置くと，そのリン蓄積微生物がリンをポリリン酸として吸収する．この嫌気・好気の状態を繰り返していると，リン蓄積菌が優先するようになり，活性汚泥は過剰のリンを吸収する性質をもつようになる．この過剰吸収の現象を利用し，リンを吸収した余剰汚泥を引き抜くことで排水中のリンを除去する方法である．

3) リンと窒素の同時除去（A_2O 法）

上記の循環式硝化脱窒素法のさらに前段にもう一槽（リン溶出槽）を設置し，ここに排水と返送汚泥を入れて嫌気状態（分子状酸素も硝酸態酸素もない状態）としリンを溶出させる．この後，硝化槽からの返送液を加えた無酸素状態（硝酸態の酸素はあるが分子状の酸素はない状態）の脱窒素槽で脱窒を行い，その後の好気条件の硝化槽でアンモニアの酸化とリンの取り込みを行い，沈殿槽でリンを取り込んだ汚泥の一部を余剰汚泥として引き抜くことで，リンの除去も行う（図 8.17）[8]．

b. 悪臭物質処理

悪臭処理方法には，吸着法・燃焼法・オゾン酸化法・洗浄法等とともに有力な方法として生物脱臭法がある．これは，悪臭の原因となる物質を微生物の働きで分解する方法である．微生物の使い方で固相型と液相型に分けられる．固相型は微生物を固体に付着させて用いるもので，土壌中を臭気を通す土壌脱臭法，微生物を塔内に充填した担体に付着させて脱臭させる充填塔式脱臭法等がある．液相型は微生物が

浮遊している液体（おもに活性汚泥）を用いるもので，活性汚泥中に曝気する活性汚泥曝気法，活性汚泥を塔内で降らせてその中へ臭気を通すスクラバ脱臭法がある．

日本では悪臭防止法により 22 種の物質が悪臭物質として指定されている．窒素含有化合物，硫黄含有化合物，炭素と水素のみもしくはそれに酸素が加わった化合物に分かれるが，それぞれの分解に関与する微生物が異なってくる．窒素含有化合物としてはアンモニアとトリメチルアミンがあるが，アンモニアは化学独立栄養のアンモニア酸化細菌と亜硝酸酸化細菌によって硝酸に変換され，トリメチルアミンは従属栄養細菌でメチル基を炭素源・エネルギー源として利用できる細菌群（メチロトローフ methylotroph）によって分解される．硫黄含有化合物には，硫化水素，メチルメルカプタン，二硫化メチル，硫化メチルの 4 化合物があるが，これらは，化学合成独立栄養の硫黄酸化細菌や，硫化水素以外はメチロトローフによって分解される．そのほかの悪臭化合物は一般の従属栄養細菌によって分解される．

8.4 環境改善・利用技術

a. バイオレメディエーション

生物の機能を利用して，汚染された環境を修復する技術をバイオレメディエーション（bioremediation）といい，表 8.2[9]のような対象物質・場所・生物の組合せで適用が図られている．特に植物を利用する場合には，ファイトレメディエーション（phytoremediation）と呼ぶ．微生物を利用する場合には，栄養塩類・酸素などを添加して現場にいる微生物を活性化させるバイオスティミュレーション（biostimulation）といわれる手法と，微生物そのものを添加するバイオオーギュメンテーション（bioaugmentation）といわれる手法がある．

(1) 有機物分解

有機物の分解に関しては，その有機物を微生物が生育に利用する場合と生育には利用できないが，それらと構造が似ているなどの理由で分解できる場合（共代謝）がある．生育に利用できる場合には，エネルギー源としての利用と体成分である炭素・窒素・硫黄源としての利用があり，エネルギー源としての利用ではさらに電子供与体としての利用（おもに好気的分解）と電子受容体としての利用（おもに嫌気的分解）がある．

1) 石油汚染浄化

タンカー事故，戦争による油田施設の破壊等の大規模な汚染から，

ファイトレメディエーション

ファイトレメディエーション（ファイト phyto は植物の意味）は，植物が根から水分や養分を吸収する能力を利用して，土壌や地下水から有害物質（カドミウムなど）を取り除く方法である．葉から大気汚染物質（窒素酸化物など）を吸収して浄化する場合や，根圏に生息する微生物などとの共同作業により土壌・水圏を浄化する場合を含む．

表8.2 バイオレメディエーション技術の適用可能な対象物質，活用場所，活用生物（矢木 2002）

汚染対象物質	活用場所			
	土壌	水域	大気	排水処理
重金属（蓄積・分解）				
Hg	微生物	植物		<u>微生物</u>
Cd, Pb	植物	植物		
Cr^{6+}				<u>微生物</u>
有害化学物質（分解）				
PCB	微生物			<u>微生物</u>
TCE	<u>微生物</u> 植物			微生物
PCE	<u>微生物</u>			微生物
農薬	微生物	植物		
ダイオキシン	微生物		植物	
環境ホルモン	微生物		植物	
NO_x, SO_x			植物	
有機汚濁物質（分解・蓄積）				
BOD, COD 物質		植物		<u>微生物</u>
窒素	微生物	<u>微生物</u> 植物		
リン		植物		<u>微生物</u>
油	<u>微生物</u>	微生物		<u>微生物</u>

下線：実用化されている技術

工場やガソリンスタンド等での貯蔵・移送施設からの漏洩など，各所で石油関連物質の漏洩は起こっており，それらの汚染修復のために，バイオレメディエーションが試みられてきている．石油は非常に多くの化合物からなる炭化水素の集合体であり，その分解には多くの微生物が関与しているが，基本的には低分子のものほど，また水溶性の高いもの（水酸基など極性の官能基を多くもつ）ほど分解されやすい傾向にある．また，脂肪族系の方が芳香族系の化合物に比べて分解されやすい．一般には好気条件のほうがはるかに分解されやすいが，嫌気条件下でも硝酸塩や硫酸塩などを電子受容体とした嫌気呼吸による分解が知られている．好気的なアルカン類分解の多くの例では，末端の炭素がモノオキシゲナーゼ（monooxygenase）により酸化されてアルコールとなり，アルデヒドやカルボン酸となって脂肪酸のβ酸化経路に入って代謝されていく．末端から2番目の炭素や両末端の炭素が酸化を受ける経路も知られている．芳香族の好気的分解経路としては一般に，芳香環への2つの水酸基の導入，環の回裂，TCA 回路中間体への変換という流れで分解されていく．嫌気条件下では，アルカンは末端から2番目の炭素にフマル酸の付加が起こった後にβ酸化経路に入っていく系が知られている．同じく嫌気状態の多くの芳香族系化合物では，ベンゾイル CoA を経由して分解されていく経路が知

られており，トルエンやエチルベンゼンなどではやはり最初にフマル酸の付加がおこる反応が知られている．

海洋での石油流出などでは，炭素源に対して窒素やリンなどの栄養塩類が極端に低いことから，それらの添加によるバイオスティミュレーションが有効であると考えられる．実際に1989年のエクソン・バルディース号の流出事故では，海岸において栄養塩類の散布が有効であったという報告がなされている．また，湾岸戦争後のクウェートでの流出原油による油汚染土の修復においても，バイオスティミュレーションが有効であったことが示されている．

2) 有機塩素化合物汚染の浄化

有機塩素化合物による汚染としては，かつて洗浄剤や溶剤として使われていたトリクロロエチレン（TCE）やテトラクロロエチレン（PCE）等の揮発性有機塩素化合物，絶縁油や可塑剤等として使われていたポリ塩化ビフェニル（PCB），除草剤合成やゴミ焼却の際の副生物として知られるダイオキシン類，農薬のDDTやBHCなどによるものが知られている．一方，生物による脱ハロゲン反応としては，酸素添加，加水分解，脱塩化水素，還元反応，置換反応等が知られている．好気的には，多くの塩素化合物はその炭素骨格類似の化合物を炭素源・エネルギー源として利用できる微生物の共代謝（おもにオキシゲナーゼによる酸素添加反応）により脱塩素が行われる．この場合，塩素の置換数が少ない方がよく反応が進み，塩素の置換数が多くなると反応が起こらなくなってしまう．また，その微生物が脱塩素産物を生育に利用できない場合には，別途炭素源・エネルギー源が生育のために必要となる．

これに対し，嫌気条件下ではおもに塩素化合物を電子受容体とする還元反応により脱塩素が起こる（塩素呼吸）．この場合には，別途電子供与体となる化合物が必要である．また，塩素の置換数が多い方が得られるエネルギーが多いために反応が進みやすく，塩素の置換数が少なくなると反応が進みにくくなる．そのため，一部塩素の残った化合物が蓄積しやすい．

(i) 揮発性有機塩素化合物： TCEの分解については，好気的にはメタン資化性細菌（*Methylocystis*属など），トルエン資化性細菌（*Pseudomanas*属など）等の共代謝の利用が図られている．どちらの場合にも，原位置へのメタンもしくはトルエン・酸素・栄養塩類等の添加によるバイオスティミュレーションが行われている（図8.18）[8]．トルエン資化性菌の利用にあたっては，増殖させてトルエンで酵素を誘導した菌体を導入するバイオオーギュメンテーションの手法も試み

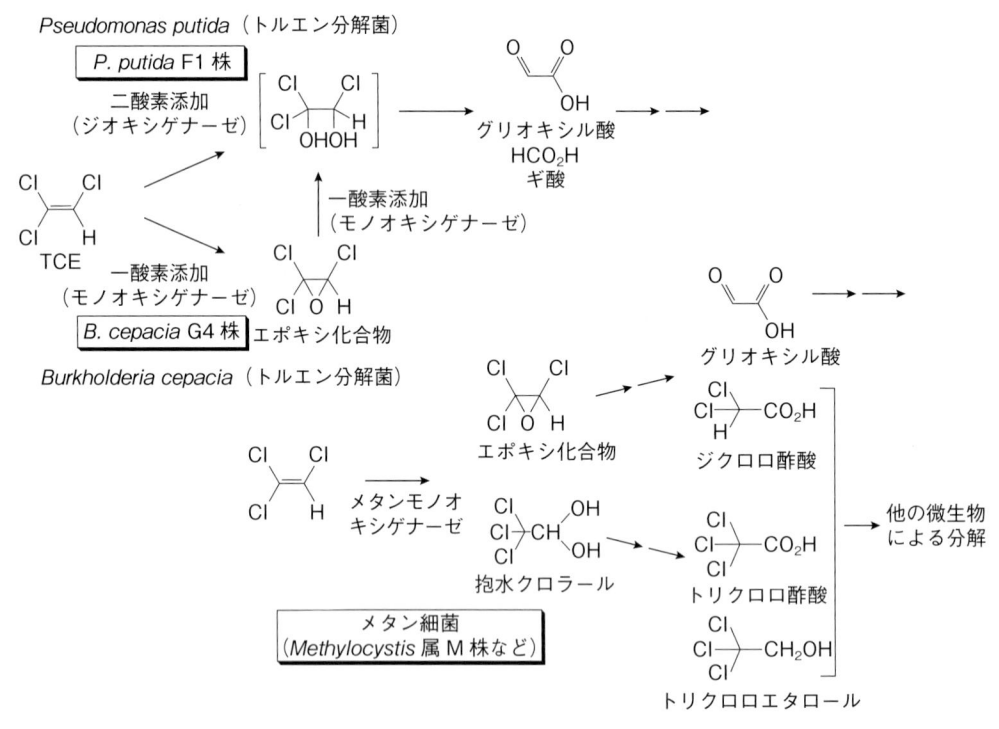

図 8.18 TCE の好気的分解（大森 2000）

図 8.19 PCE の嫌気的分解

られている．ただ，これらの細菌では PCE を分解することはできない．

これに対して，嫌気的に PCE や TCE を電子受容体として分解できる微生物として *Dehalococcoides* 属の細菌や *Desulfitobacterium* 属の細菌等が知られており，PCE や TCE の塩素を 1 原子ずつ水素に置き換えていく（図 8.19）．それらの菌の多くは *cis*-dichloroethylene (*cis*-DCE) 以降の脱塩素が起こらないが，*Dehalococcoides* 属細菌の中には *cis*-DCE をエチレンまで脱塩素できるものがおり，嫌気条件下でのバイオレメディエーションの主役と考えられている．*Dehalococcoides* 属細菌が直接電子供与体として利用できるのは分子状水素とされているが，嫌気条件下では多くの有機物から水素が生成するので，現場では多くの場合プロピオン酸等の有機物が電子供与体として使われる．*Dehalococcoides* 属細菌は生育も遅く，分布も限られていることから，嫌気条件下での分解ではバイオオーギュメンテーションが有効であると考えられている．*Dehalococcoides* 属細菌は，電子受容体としては塩素化合物以外には知られておらず，炭素源とし

ては酢酸を利用する.

(ii) ダイオキシン類: ダイオキシン類とはジベンゾ-p-ダイオキシンやジベンゾフランの塩素置換体およびPCBの一部を指す. その分解に関しては, おおむね塩素の置換数が3くらいまでは, ジベンゾ-p-ダイオキシン資化性の*Sphingomonas*属やカルバゾール資化性の*Pseudomonas*属などの好気性細菌の共代謝 (図8.20)[2], それ以上の場合には*Dehalococcoides*属細菌等の嫌気性菌による塩素呼吸による脱塩素が知られている (図8.21)[1]. また, 担子菌類でリグニンを分

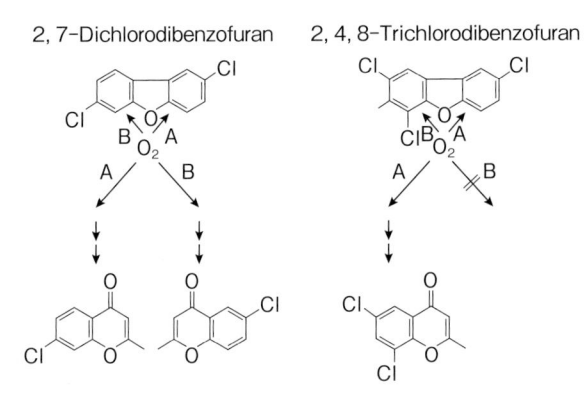

図8.20 ダイオキシン類の好気的分解 (近藤 2002を一部改変)

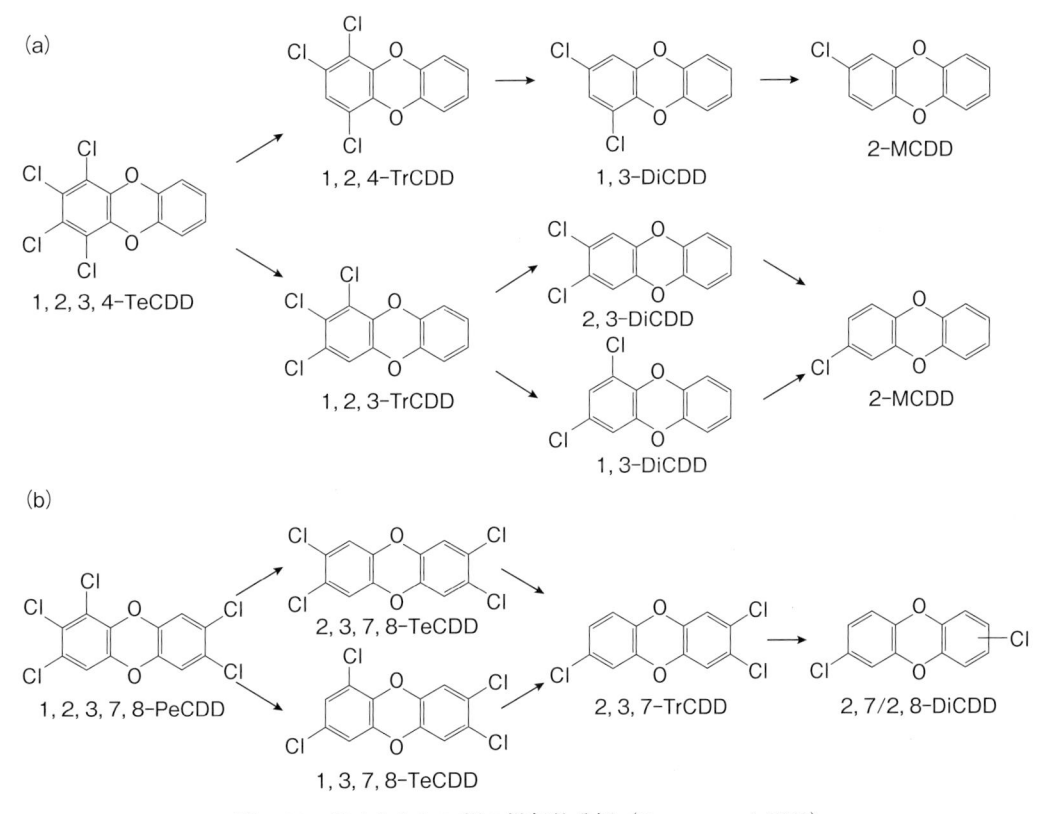

図8.21 ダイオキシン類の嫌気的分解 (Bunge, *et al.* 2003)

解できる白色腐朽菌は，各種の環境汚染物質の分解が可能であることが知られており，ダイオキシン類についても分解が報告されている．

(2) 重金属

重金属汚染に対する微生物の利用に関しては，微生物の働きで各種の沈殿を生成させて重金属を除去する方法が検討されている．嫌気条件下で生育する硫酸還元菌は，硫酸から硫化水素を生成して重金属イオンを硫化物として沈殿させることができる．また，一部の重金属耐性細菌は，取り込んだ重金属を排出する際に代わりに水素イオンを取り込む．これにより細胞の周辺のアルカリ化が起こり，重金属イオンの水酸化物や炭酸塩の沈殿を生じさせる．別の細菌では，リン酸を細胞外に放出するものがいて，細胞外で金属イオンのリン酸塩の沈殿を生じさせるものも見つかっている．

水銀の場合には，環境中において，メチル水銀などの有機水銀や水銀イオンの形で存在している．*Pseudomonas* 属や *Bacillus* 属等の細菌を利用し，有機水銀は分解して水銀イオンとし，水銀イオンは還元して金属水銀として気化させて除去する手法が検討されている．

b. バイオリーチング

バイオリーチングとは，微生物の代謝を利用して鉱物からの金属成分の溶出を促進する技術であり，低品位銅鉱石やウラン鉱石からの銅・ウランの回収に対して実用化されている．鉱物には硫化物や鉄を含むものが多く，*Acidithiobacillus* 属などの好酸性の好気性独立栄養細菌である硫黄酸化細菌（硫化物や元素の硫黄等を酸化して硫酸イオン等を生成する）や鉄酸化細菌（II 価の鉄を III 価に酸化する）が利用されている．これらの細菌の働きで鉱物中の硫黄や鉄が酸化されるとともに，それによって生成する III 価の鉄を含む酸性化した溶液が，さらに鉱物の溶出を促進していく．

このような硫化物と鉄を含む鉱山からの排水は，意図的にバイオリーチングを行わなくとも大量の鉄イオンを含む強酸性排水となりやすい．その排水処理においても，鉄を沈殿除去しやすくするため，II 価の鉄を鉄酸化細菌の働きで III 価に酸化して除去する方法が用いられている．

c. 赤潮防除

赤潮は，富栄養化等によるプランクトン（おもに植物プランクトン）の異常増殖による水域の着色現象をいう．魚介類に毒性をもつものがあり，養殖魚貝類に被害をもたらすことも多い．一方，着色まで至ら

赤潮と青潮

「赤潮」の色は赤とは限らない．海水では，夜光虫（ノクチルカ：光合成をしないが渦鞭毛藻類に分類される）による赤潮はきれいな赤色になるが，多くのラフィド藻類や渦鞭毛藻類の赤潮では赤茶色からこげ茶色となり，淡水の場合には青から緑色のアオコと呼ばれる藍藻類（シアノバクテリア）による赤潮が多い．淡水赤潮を引き起こす藍藻類には，カビ臭を発生するものや肝臓毒を生産する種も知られている．なお，海で発生する「青潮」は，貧酸素状態でできた硫化水素が酸化され，硫黄粒子となって光を散乱・反射することにより海水が青白く濁って見える現象で，水域の生態系に甚大な被害をもたらすことにおいては赤潮と同様であるが，本質的にまったく異なる現象である．

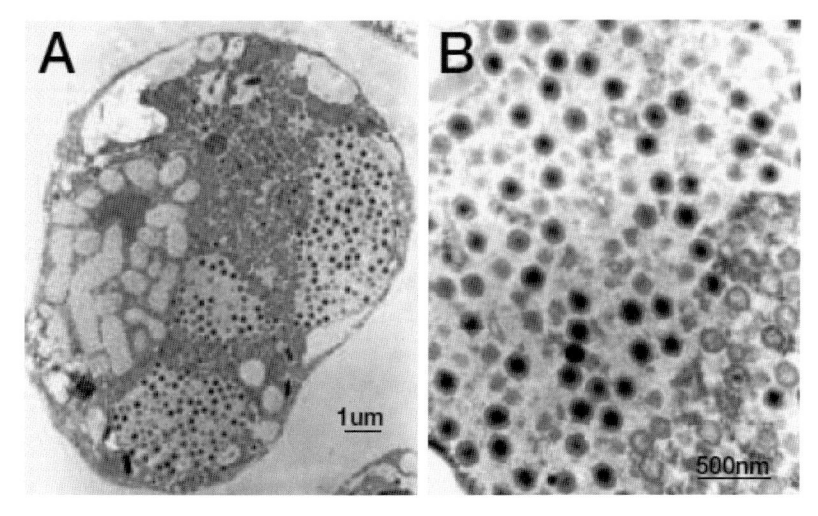

図 8.22 殺藻ウイルス（長崎他 2005）
（A） 大型二本鎖 DNA ウイルス HcV に感染したヘテロカプサ・サーキュラリスカーマ細胞の断面像，（B） 宿主細胞内で複製した HcV 粒子の拡大像.

なくとも，プランクトンが貝に捕食された際にプランクトン中の毒が貝に濃縮されて，その貝を食べた人間に被害が及ぶことがある．こうしたプランクトンの増殖を抑えるために，窒素やリンの排出制限等が行われてきたが，近年では有害プランクトンを細菌やウイルスを用いて防除しようとする試みも行われている．植物プランクトンを殺してしまう殺藻細菌として，*Alteromonas* 属や *Pseudoalteromonas* 属等の殺藻物質生産細菌と，*Cytophaga* 属などの直接攻撃型細菌が知られている．また，赤潮プランクトンを含む多くの植物プランクトンの種において殺藻ウイルスが見つかってきている（図 8.22）[5]．

文　献

1) Bunge, M., *et al.* (2003)：*Nature*, **421**：357-360.
2) 近藤隆一郎 (2002)：微生物利用の大展開（今中忠行監修），p.836-844，エヌ・ティー・エス．
3) 近藤竜二 (2004)：微生物生態学入門（日本微生物生態学会教育研究部会編），p.103-114，日科技連．
4) Madigan, M.T. and Martinko, J.M. (2006)：*Brock Biology of Microorganisms* 11th *edition*, Pearson Prentice Hall.
5) 長崎慶三他 (2005)：ウイルス, **55**：127-132.
6) 中村和憲 (2002)：微生物利用の大展開（今中忠行監修），p.793-799，エヌ・ティー・エス．
7) 中村和憲・関口勇地 (2009)：微生物相解析技術，米田出版．
8) 大森俊雄 (2000)：環境微生物学−環境バイオテクノロジー，昭晃堂．
9) 矢木修身 (2002)：微生物利用の大展開（今中忠行監修），p.780-792，エヌ・ティー・エス．
10) 山口進康・那須正夫 (2004)：難培養微生物の利用技術（工藤俊章・大熊盛也監修），p.69-82，シーエムシー出版．

索　引

あ　行

赤潮防除　158
アガロースゲル電気移動　29
悪臭物質処理　152
アグロバクテリウム　49
アシロマ会議　37
アスパルテーム　102
アセトシリンゴン　49, 54
アナモックス反応　146, 151
アニーリング　33
アミノアシル tRNA　15
アミノペプチダーゼ　15
アミラーゼ　97, 98
アメンボ　119
アルカリホスファターゼ　16, 19, 44
α-相補性　23
アワフキムシ　125
アンチセンス RNA　63
アンチフリージング・タンパク質　92
アンピシリン耐性遺伝子　23, 26

硫黄細菌　146
硫黄酸化細菌　144, 146, 158
硫黄の循環　146
異性化糖　99
一次ウイルス　59
一過的遺伝子発現　56
遺伝暗号　14
遺伝子組換え　1
遺伝子組換え医薬　3
遺伝子組換えカ　115
遺伝子組換えカイコ　116
遺伝子組換え家畜　74
遺伝子組換え昆虫　112
遺伝子組換え作物　64
遺伝子組換えニワトリ　77

遺伝子組換えワクチン　3
遺伝子銃　55
遺伝子増幅　16
遺伝子歩行　32
遺伝情報　11
遺伝的雄性不稔　62
イヌサフラン　46
インスリン　3, 4
インセクトテクノロジー　111
インターフェロン　113
インデューサー　23
インドール酢酸　38
イントロン　12

ウイルスフリー苗　8, 44
ウイルスベクター　75
エキソヌクレアーゼ　21
液糖　101
エクソン　12
エコマテリアル　132
枝きり酵素　98
エチレン　64
エピジェネティクス　74
エリサン　133
エリナチュレ　133
エレクトロポレーション　17, 40, 56
塩化カルシウム法　3, 16
塩化ルビジウム法　16
塩基配列　30
塩素呼吸　155
エンドサイトーシス　55
エンドヌクレアーゼ　22

オオゴマダラ　121
オーキシン　38
オクトピン　50
オクトピン型 Ti プラスミド　50
オクトピン合成酵素遺伝子　51

オパイン　50
オリゴプライマー　33
温度濃度勾配ゲル電気泳動　140

か　行

カイコ核多角体病ウイルス　113
介在配列　12
開始コドン　15
塊体　43
回転円板法　149
カイネチン　38
化学合成　143
架橋法　108
核移植　1, 6, 73
核酸雑種　28
核体　42
核置換　42
核内有糸分裂　129
過剰排卵　70
カゼイン　101
活性汚泥法　148
果糖　99
果糖ブドウ糖液糖　100
花粉培養　46
花粉母細胞　62
カリオプラスト　42
カリクローン　47
借り腹技術　94
カリフラワーモザイクウイルス　59
カルス　7, 38, 40
カルタヘナ法　37, 92
環境ホルモン　93
間接的胚形成　40
乾燥無代謝休眠　126

キシロースイソメラーゼ　100
絹糸　127

キモシン　101
逆転写酵素　15, 22, 36
キャップ　13
キャピラリー電気泳動法　31
偽雄　87
境界配列　50
競合 PCR 法　142
共通配列　12
凝乳活性　101
共有結合法　107
極体放出阻止型倍数化処理　84
極体放出阻止型雌性発生　86
キリアツメゴミムシダマシ　121

組換え DNA　1, 3, 11, 16, 103
組換え DNA 実験　15, 36
組換え DNA 実験指針　37
組換え体　17
組換えタンパク質　115
クラウンゴール　49
グラニュール　150
クリプトビオシス　126
グリホセート耐性ダイズ　61
グルコアミラーゼ　98
グルコース　99
グルコースイソメラーゼ　99
グルタールアルデヒド　108
グルホシネート　61
クレノウフラグメント　21
クロスプロテクション　59
クローンウシ　6, 73
クローン魚　88
クローンヒツジ　7, 73
クローンライブラリー　139

蛍光 *in situ* ハイブリダイゼーション　138
形質転換　3, 16, 104, 106
形質導入　17
茎頂培養　2, 8, 42
茎頂分裂組織　42
血清学的試験　44
ゲノム DNA ライブラリー　24, 25, 27
ゲル移動度シフト法　33
原核生物　11
嫌気消化法　150
嫌気性呼吸　144

嫌気性処理　147, 150
絹糸腺　116, 128
減数分裂　82
顕微授精　70, 75

高オレイン酸ダイズ　65
好気性処理　147, 148
抗菌性タンパク質　124
光合成　143
光合成硫黄細菌　145
交叉　84
麴菌　96, 104, 106
酵素結合抗体法　44
抗凍結タンパク質　7
高度好塩菌　147
好熱菌　33
高 pH-高 Ca 法　41
酵母　103
酵母人工染色体　26
コオロギ　123
古細菌　136
コサプレッション　59
コスミドベクター　24, 26
固定化酵素　10, 107
固定化生体触媒　106
固定化微生物　107
コドン　14
ゴードン核酸会議　36
コルネアルニップル　122
コルヒチン　46
コロニーハイブリダイゼーション　28
昆虫型ロボット　122
昆虫操作型ロボット　124
根頭がんしゅ病　9
コンピテントセル　16

さ 行

サイクルシークエンス法　31
再生　41
再生 DNA　28
サイトカイニン　38
サイトプラスト　42
サイブリッド　42
細胞質雑種　42
細胞質体　42
細胞質雄性不稔　42, 62
細胞融合　1, 9, 41, 102
酢酸菌　97

サケ成長ホルモン　91
サザンハイブリダイゼーション　29, 66
雑種強勢　62
殺藻ウイルス　159
サブプロトプラスト　42
サプレッサー遺伝子　26
サーモリシン　102
酸化的リン酸化　144
サンガー法　30
散水ろ床法　149
酸素呼吸　144
三倍体魚　7

紫外線遮蔽　130
シグナルペプチド　5
試験管内受精　47
始原生殖細胞　79, 87, 94
シコニン　10
自己複製配列　103
雌性前核　83
雌性発生　7, 85
実質的同等性　65
ジデオキシチェインターミネイション法　30
ジデオキシ法　30
指標植物　45
子房培養　46
シャイン・ダルガーノ配列　12
シャトルベクター　6, 26
臭化シアン　4
重金属　158
終止コドン　15
従属栄養　143
宿主　17
縮重　14
受精卵クローン　6
受精卵分割移植　1, 6
種の定義　137
順化（馴化）　48
循環式硝化脱窒素法　151
硝化細菌　144, 145
上向流式嫌気流動床法　150
硝酸呼吸　145
ショウジョウバエ　112
植物ホルモン　38
植物ホルモン合成酵素遺伝子　51
除草剤耐性植物　60

ショ糖　99
シルク　127
真核生物　12, 136
人工授精　68
真正細菌　136

水圧処理　84
スクロース　99
スーパーサーモン　82
スーパーマウス　6
スプライシング　13
スモールサブユニット rRNA　136

制限酵素　3, 15, 17
制限酵素断片長多型　65
精原細胞　87, 94
精子ベクター　75
清酒酵母　97
生体模倣技術　119
成長点　42
成長点培養　42
性転換　87
性判別精液　69
性フェロモン　122
生物学的封じ込め　37
生物脱臭法　152
生物反応器　108
生物膜法　149
生物モニタリング　93
生物模倣技術　111
生分解性プラスチック　132
セリシン　127, 130
セルラーゼ　40
前駆体 mRNA　13
全雌魚　7
全雌生産　87
染色体ウォーキング　32
染色体操作　81, 82
センス RNA　63
セントロメア　26
選抜マーカー遺伝子　52, 57
千宝菜　8

臓器移植　79
相補 DNA　15
ソマクローン　47
ソマクローン変異　47
ソマトスタチン　3, 4

た 行

第一極体　83
ダイオキシン類　155, 157
体外受精胚　71
体外成熟　72
体細胞核移植　73
体細胞クローン　7, 73
体細胞雑種　9, 40
体細胞突然変異　41
対称融合　41
大腸菌リガーゼ　19
第二極体　83
大量増殖技術　43
多芽体　43
脱窒　144, 146, 151
脱ホルミル酵素　15
タバコモザイクウイルス　59
タペータム　62
タマムシ　119
タマムシ発色　120
炭素の循環　145
担体結合　107
置換型ベクター　25
チーズ　101
窒素の循環　145
中間ベクター　52
超撥水　121
超雄性株　46
直接的胚形成　40
低アレルゲン牛乳　78
定量的 PCR 法　142
デキストラン法　41
鉄酸化細菌　158
テトラクロロエチレン　155
デホルミラーゼ　15
δ-エンドトキシン　58
δ-12 デサチュラーゼ　65
テロメア　26
電気パルス法　42
デング熱　115
天蚕　118, 125
電子供与体　144, 152
電子顕微鏡観察法　45
電子受容体　144
転写開始点　11
転写後型ジーンサイレンシング　59, 60
凍結精液　68
凍結保存液　68
独立栄養　143
ドットブロットハイブリダイゼーション　139
ドナー　71
ドメイン　136
トランジェントアッセイ　56
トランジットペプチド　61
トランスジェニックサケ　82, 91
トランスジェニックフィシュ　89
トランスジェニックメダカ　93
トランスポゾン　116
ドリー　7
トリクロロエチレン　155
トリメチルアミン　153
トレーサビリティ　76

な 行

納豆菌　97
苦味ペプチド　101
二次ウイルス　59
二重抗体サンドイッチ法　44
乳酸菌　97
2, 4-D　61
二硫化メチル　153

ネイチャーテクノロジー　111
ネオマイシン　57
ネッタイシマカ　115
稔性回復遺伝子　62

ノーザンハイブリダイゼーション　30
ノパリン　50
ノパリン型 Ti プラスミド　50

は 行

胚移植　70
バイオインスパイアード　124
バイオオーギュメンテーション　153, 155
バイオスティミュレーション　153, 155

索　引

バイオセンサー　2
バイオマスプラスチック　132
バイオミメティクス　111, 119
バイオユーズド　126
バイオリアクター　2, 10, 108
バイオリーチング　158
バイオレメディエーション　153
ハイグロマイシン　57
胚珠培養　46
排水処理　147
倍数化処理　84
バイナリーベクター　52
胚培養　2, 8, 46
ハイブリダイゼーション　28
ハイブリッド　28, 29
ハイブリッド種子　62
ハイブリッドライス　62
バキュロウイルス・ベクターシステム　113
バクテリオファージ　17
ハクラン　8
発酵食品　96
パッセンジャーDNA　15, 22
パーティクルガン　55
ハマダラカ　115
パラチノース　109
パラニトロフェニールホスフェイト　44
パリンドローム　18
バルキング　148
半数体　8, 45, 83

微生物相解析技術　137
微生物農薬　58
非対称融合　41
ヒトインスリン　5
ヒト成長ホルモン　3
苗条　41
苗条原基　43
表面抗原タンパク質　5
品種識別　66

ファイトレメディエーション　153
ファージベクター　24
フィターゼ　77
フィブロイン　127, 129
不活化精子　86

複製開始点　26, 53
付着末端　18, 24
フットプリント法　33
物理的封じ込め　37
不定芽　38
不定根　38
不定胚　38, 40, 45
ブドウ糖　99
プライマー伸長法　36
プラークハイブリダイゼーション　28
プラスミド　16
プラスミドベクター　23
フラボノイド色素　63
プリブナウボックス　12
フルクトース　99
プレーティング効率　41
フロック　148
プロテアーゼ　97, 101
プロトクローン　9, 41, 47
プロトコーム様体　43
プロトプラスト　9, 39, 102, 104
プロトプラスト共存培養法　54
プローブ　28, 36, 139
プロモーター　4, 11, 89, 103
分化全能性　8, 38

平滑末端　19
ベクター　16, 22, 23, 139
ペクチナーゼ　40
β-ガラクトシダーゼ遺伝子　23
ヘテロ接合体　88
ペプチダーゼ　97
ペプチドグリカン　137
変性　28
変性DNA　28, 29
変成剤濃度勾配ゲル電気泳動　140

包括法　108
ホスホジエステル結合　19
ポマト　9
ホモ接合体　88
ポリA配列　13
ポリアクリルアミドゲル電気移動　31
ポリエチレングリコール法　40, 41, 55
ポリ塩化ビフェニル　155
ポリガラクチュロナーゼ　64
ポリビニールアルコール法　41
ポリヘドリン　113
ポリメラーゼ連鎖反応　32
ポリリン酸　152
ホルモン処理　87
翻訳　11, 14

ま　行

マイクロインジェクション　3
マイクロカプセル法　108
マイクロチューバ　43
マイクロプロパゲーション　43
膜孔　56
マクサム・ギルバート法　30
マゴットセラピー　127
末端制限酵素断片長多型　140
マラリア　115
マルチクローニング部位　23
マンニトール　41

ムコールレンニン　101
ムラサキ　10

メタゲノム解析　141
メタン資化性菌　145
メタン生成菌　145, 150
メタン発酵　144, 150
メチルメルカプタン　153
メチロトローフ　153
メリクローン　43

モスアイフィルム　122
モルフォチョウ　119

や　行

葯培養　2, 8, 45
ヤママユガ　118, 121, 125
ヤママリン　125

雄核発生　46
有機塩素化合物　155
雄性前核　83
雄性不稔　62
遊離細胞　40

葉原基　42

養蚕業　127, 128
ヨードアミド　42
ヨード酢酸　42
ヨーロッパアワノメイガ　59

ら 行

ラウンドアップ　61
ラクトフェリン　78
卵割阻止型雌性発生　86
卵割阻止型倍数化処理　85
卵原細胞　87, 94

ランダムプライマー　33, 66
リアルタイム法　142
リソスタフィン　77
リゾチーム　78
リパーゼ　97
リーフディスク法　53
リポ多糖　137
硫化水素　146, 153
硫化メチル　153
硫酸還元　144

緑色蛍光タンパク質　57, 90, 117
リン蓄積微生物　152
ルビスコ　61
レシピエント　71
レポーター遺伝子　56
6本脚歩行ロボット　124
ローリングサークル　24

欧 字 索 引

A_2O 法　152
Agrobacterium tumefaciens（アグロバクテリウム）　9, 49
ARS　103

Bacillus thuringiens（Bt菌）　58
BHC　155
BmNPV　113
BOD　149
B型肝炎ワクチン　3, 5

CaMV　59
CAT 遺伝子　57
CAT ボックス　12
cDNA　15, 22
cDNA ライブラリー　24, 27
cos 部位　24, 26

DDT　155
DGGE　140
DNA ポリメラーゼ　21
DNA ライブラリー　27
DNA リガーゼ　4, 16, 19
DN法　45

ELISA　44
ES 細胞　76

FISH　138

GFP 遺伝子　57, 90

GUS 遺伝子　56

in situ PCR 法　138
in vitro パッケージング　24, 26
iPS 細胞　75
IPTG　23, 25

LUC 遺伝子　56

MAR-FISH　139
mRNA　11

N-ホルミルメチオニル tRNA　15
N-ホルミルメチオニン　15

onc 遺伝子　51
osc 遺伝子　51

PCB　155, 157
PCE　155, 156
PCR　32, 66
Prolixin-S　126
pUC 系　23

RAPD　66
RFLP　65
Rhizobium radiobacter　9, 49
RNase（RNA 分解酵素）　22, 63
RNA ポリメラーゼ　11, 12

RT-PCR　33
RuBisCo　61
S1 ヌクレアーゼ　22, 34
S1 マッピング　22, 34
SD 配列　12, 15
SIP　141
SSUrRNA　136

T1 遺伝子　63
T_4 DNA リガーゼ　16, 19
T_4 ファージリガーゼ　19
T_4 ポリヌクレオチドキナーゼ　20
*Taq*DNA ポリメラーゼ　33
TATA ボックス　12
TCE　155, 156
T-DNA　9, 49, 50
TGGE　140
Ti プラスミド　9, 49
Ti プラスミドベクター　10, 51
TMV　59
T-RFLP　140
tRNA　15
*Tth*DNA ポリメラーゼ　33

vir 領域　51, 52

X-gal　23, 25

YAC ベクター　26

編著者略歴

池上 正人
(いけがみ まさと)

1947年 大阪府に生まれる
1975年 アデレイド大学大学院農学研究科
　　　 博士課程修了
現　在 東京農業大学総合研究所 教授
　　　 東北大学名誉教授
　　　 Ph. D.

見てわかる農学シリーズ4
バイオテクノロジー概論　　　定価はカバーに表示

2012年3月25日　初版第1刷

編著者　池 上 正 人
発行者　朝 倉 邦 造
発行所　株式会社 朝倉書店
　　　　東京都新宿区新小川町 6-29
　　　　郵便番号　162-8707
　　　　電　話　03 (3260) 0141
　　　　ＦＡＸ　03 (3260) 0180
　　　　http://www.asakura.co.jp

〈検印省略〉

ⓒ 2012〈無断複写・転載を禁ず〉　　印刷・製本　東国文化

ISBN 978-4-254-40544-6　C 3361　　Printed in Korea

JCOPY 〈(社)出版者著作権管理機構 委託出版物〉

本書の無断複写は著作権法上での例外を除き禁じられています。複写される場合は、そのつど事前に、(社)出版者著作権管理機構(電話 03-3513-6969, FAX 03-3513-6979, e-mail: info@jcopy.or.jp) の許諾を得てください。

◆ 見てわかる農学シリーズ ◆
「見やすく」「わかりやすい」基礎科目の入門テキスト

東北大 西尾 剛編著
見てわかる農学シリーズ1
遺 伝 学 の 基 礎
40541-5 C3361　　　　B5判 180頁 本体3600円

農学系の学生のための遺伝学入門書。メンデルの古典遺伝学から最先端の分子遺伝学まで，図やコラムを豊富に用い「見やすく」「わかりやすい」解説をこころがけた。1章が講義1回用で，全15章からなり，セメスター授業に最適の構成。

前東農大 今西英雄編著
見てわかる農学シリーズ2
園 芸 学 入 門
40542-2 C3361　　　　B5判 168頁 本体3600円

園芸学（概論）の平易なテキスト。図表を豊富に駆使し，「見やすく」「わかりやすい」構成をこころがけた。〔内容〕序論／園芸作物の種類と分類／形態／育種／繁殖／発育の生理／生育環境と栽培管理／施設園芸／園芸生産物の利用と流通

大阪府大 大門弘幸編著
見てわかる農学シリーズ3
作 物 学 概 論
40543-9 C3361　　　　B5判 208頁 本体3800円

セメスター授業に対応した，作物学の平易なテキスト。図や写真を多数収録し，コラムや用語解説など構成も「見やすく」「わかりやすい」よう工夫した。〔内容〕総論（作物の起源／成長と生理／栽培管理と環境保全），各論（イネ／ムギ類／他）

農工大 松永 是編著
生 命 工 学 へ の 招 待
―基礎と応用―
17109-9 C3045　　　　B5判 152頁 本体3200円

これから生命工学を学ぼうとする特に工学系，化学系の学生，社会人のために，わかりやすくまとめた。生命工学の発展を解説した序論，その基礎を化学の立場から説明した基礎編，生命工学の現状を解説した応用編で構成されている

前京大 熊谷英彦・前京大 加藤暢夫・京大 村田幸作・京大 阪井康能編著
遺伝子から見た 応用微生物学
43097-4 C3061　　　　B5判 232頁 本体4300円

遺伝子・セントラルドグマを通して微生物の応用を理解できるように構成し，わかりやすく編集した教科書。2色刷り。〔内容〕遺伝子の構造と働き／微生物の細胞構造／微生物の分離と増殖／酵素・タンパク質／微生物の生存環境と役割／他

東農大 池上正人・北大 上田一郎・京大 奥野哲郎・東農大 夏秋啓子・東大 難波成任著
植 物 ウ イ ル ス 学
42033-3 C3061　　　　A5判 208頁 本体3900円

植物生産のうえで植物ウイルスの研究は欠かせない分野となっている。最近DNAの解明が急速に進展するなど，遺伝子工学の手法の導入で著しく研究が進みつつある。本書は，学部生・大学院生を対象とした，本格的な内容をもつ好テキスト

元東大 舘 鄰著
シリーズ〈応用動物科学／バイオサイエンス〉1
応 用 動 物 科 学 へ の 招 待
17661-2 C3345　　　　A5判 160頁 本体2800円

食料・環境・医療などの限界を超えるための生命科学の様々な試みと応用技術を生き生きと描く。〔内容〕生命のストラテジー／グリーン革命―光合成をする動物／ボディー革命／生殖革命―雄はなくとも／発生革命―万能細胞／生態革命―絶滅他

京大 山田雅保著
シリーズ〈応用動物科学／バイオサイエンス〉7
初期発生の遺伝子コントロール
―哺乳類の着床前期胚の発生―
17667-4 C3345　　　　A5判 112頁 本体2600円

哺乳類をいかにして誕生させるか？クローン動物やキメラ発生のための胚細胞遺伝子の調節法とは〔内容〕胚性ゲノムの活性化／DNAのメチル化／核移植／遺伝子調節機構／卵割／細胞間接着／胚盤胞形成と細胞分化／胚の生存性と形態形成／他

前東大 東條英昭著
シリーズ〈応用動物科学／バイオサイエンス〉8
トランスジェニック動物
17668-1 C3345　　　　A5判 152頁 本体2800円

DNAの組換えやES細胞を用い動物の遺伝子を操作するトランスジェニック技術とその成果を解説〔内容〕バイオテクノロジーの発展／遺伝子の構造と発現／導入遺伝子／導入法／遺伝子ノックアウト／遺伝子改変動物の利用／DNA顕微注入法他

駒嶺 穆・斉藤和季・田畑哲之・藤村達人・町田泰則・三位正洋編
植 物 ゲ ノ ム 科 学 辞 典
17134-1 C3545　　　　A5判 416頁 本体12000円

分子生物学や遺伝子工学等の進歩とともに，植物ゲノム科学は研究室を飛び越え私たちの社会生活にまで広範な影響を及ぼすようになった。とはいえ用語や定義の混乱もあり，総括的な辞典が求められていた。本書は重要なキーワード1800項目を50音順に解説した最新・最強の「活用する」辞典。〔内容〕アブシジン酸／アポトーシス／RNA干渉／AMOVA／アンチセンスRNA／アントシアニン／一塩基多型／遺伝子組換え作物／遺伝子系統樹／遺伝地図／遺伝マーカー／イネゲノム／他

上記価格（税別）は2012年2月現在